GEMEINSAM
schnurrt sich's besser

Der Mehrkatzenhaushalt

CADMOS

(Foto: Shutterstock.de/Aspen Photo)

GEMEINSAM
schnurrt sich's besser
Der Mehrkatzenhaushalt

von

Lena Landwerth

CADMOS

Autorin und Verlag haben den Inhalt dieses Buches mit großer Sorgfalt und nach bestem Wissen und Gewissen zusammengestellt. Für eventuelle Schäden an Mensch und Tier, die als Folge von Handlungen und/oder gefassten Beschlüssen aufgrund der gegebenen Informationen entstehen, kann dennoch keine Haftung übernommen werden.

Gestaltung und Satz: Johanna Böhm, Dassendorf
Lektorat: Anneke Fröhlich

Titelfoto: Shutterstock.de/Seiji

Fotos im Innenteil: siehe Einzelbildnachweis

Druck: Himmer AG, Augsburg

Deutsche Nationalbibliothek – CIP-Einheitsaufnahme
Die Deutsche Nationalbibliothek verzeichnet diese Publikation in der Deutschen Nationalbibliografie; detaillierte bibliografische Daten sind im Internet über http://dnb.ddb.de abrufbar.

Printed in Germany
ISBN 978-3-8404-4018-2

Inhalt

(Foto: Shutterstock.de/Dragoness)

Die Katze –
ein Einzelkämpfer?

Die Katze als verschrobener Einzelgänger: Dieses Bild hat sich in unser Bewusstsein eingebrannt. Doch stimmt das wirklich? Sind unsere Stubentiger allein glücklicher als zu zweit? Oder befinden sie sich gerade in einer Entwicklungsstufe, in der aus den früher als verschrobene Einzelgänger geltenden Katzen gesellige Hausgenossen werden? Das Zusammenleben mit dem Menschen scheint bei der Katze eine Entwicklung vom jagenden Einzelgänger zu einem durchaus sozialen Tier angestoßen zu haben – vorausgesetzt, das Futterangebot unter menschlicher Obhut ist ausreichend.

Das Sozialverhalten unserer Katze wird von verschiedenen Faktoren bestimmt:

- Angeborenes Jagdverhalten
- Abstammung
- Umfeld
- Sozialisierung, die eine Katze während der ersten Lebenswochen erfährt

Die Beutetiere der Katze sind so klein, dass sie bei der Jagd nicht auf die Unterstützung von Artgenossen angewiesen ist – Katzen sind sogenannte „solitäre Jäger". Mit ein wenig Geduld, Geschick und den naturgegebenen Waffen kann sie Mäuse und Vögel erlegen. Als Schleichjäger ist die Katze außerdem darauf angewiesen, sich ihrer Beute lautlos nähern und sie mit einem einzigen Sprung erlegen zu können. Und sind wir mal ehrlich: Wie könnten von einer kleinen Maus zwei erwachsene Katzen satt werden? Streitigkeiten und knurrende Mägen wären hier vorprogrammiert.

Wie sozial sich eine erwachsene Katze verhält, hängt auch davon ab, wie intensiv die Sozialkontakte in den ersten Lebenswochen sind. (Foto: Shutterstock.de/Tom Pingel)

Das gängige Bild von der Katze als Einzelgänger wurde vor allem durch die Unterschiede in der sozialen Struktur eines Wolfsrudels und einer Katzengruppe geprägt. Eine Katze jagt allein, nur der Löwe galt lange als die einzige sozial jagende und lebende Großkatze. Wer von den Jagdgewohnheiten frei lebender Katzen aber auf das Sozialleben unserer Hauskatze schließen will, sollte klar zwischen den Vorfahren und wild lebenden Verwandten unserer Katze, halbwilden Katzengruppen oder sogar zwischen verschiedenen Hauskatzen unterscheiden. Falbkatze und Europäische Wildkatze haben in der Regel keinerlei Kontakt zu Menschen. Anders sieht dies bei halbwilden Streunern oder Bauernhofkatzen aus, die von der Nähe zum Menschen profitieren. Hauskatzen verbringen ihr ganzes Leben im menschlichen Haushalt und passen sich auch in ihrem Sozialverhalten diesen besonderen Lebensbedingungen an.

Zwar ist es alles andere als einfach, das Sozialgefüge von Wildkatzen zu erforschen; dennoch geht man davon aus, dass wild lebende Kleinkatzen vorwiegend Einzelgänger sind. Das gilt auch für die Falbkatze, den noch lebenden Vorfahren unserer Hauskatze. Allerdings hat das Eigenbrötlerdasein seine Grenzen: Bei genügend Futter- und Platzangebot können sich auch ohne Kontakt zum Menschen lebende Wildkatzen zu Gruppen zusammenfinden, und in naturnahen

Bei halbwilden Katzen gibt es keineswegs nur Bindungen zwischen der Katzenmutter und ihren Kitten; das Sozialgefüge ist weitaus komplexer. (Foto: Shutterstock.de/Peter Radacsi)

Gehegen zeigen zum Beispiel Europäische Wildkatzen erstaunliche Fähigkeiten zum Zusammenleben: Sie ziehen ihre Jungen gemeinsam auf, und junge Kater formen auch nach Eintritt in die Geschlechtsreife Allianzen.

Halbwilde Katzen, die vom Kontakt mit dem Menschen profitieren, werden keineswegs nur durch die Attraktivität einer Futterquelle davon abgehalten, andere Katzen zu bekämpfen. Mittlerweile wissen wir, dass das Sozialgefüge von halbwild lebenden Katzen sehr viel komplexer ist. Bei Katzen gibt es, anders als bei Wolfs- und Löwenrudeln, keine absolute Rangordnung, sondern eine an Zeit und Ort gebundene Hierarchie. Kurz: Wer vor Ort ist, hat das Sagen.

GESCHLECHTERROLLEN

Wild lebende weibliche Katzen treffen beispielsweise an Futterstellen zusammen. Das heißt aber nicht, dass nur weibliche Tiere feste Bindungen zu Artgenossen eingehen. Untersuchungen konnten auch Bindungen zwischen Kätzinnen und Katern nachweisen. Zwischen unkastrierten Katern besteht in vielen Fällen territoriale Konkurrenz; dennoch gibt es selten auch Allianzen zwischen gleichaltrigen Katern. In Kolonien kastrierter Tiere verwischen die Geschlechtergrenzen – kastrierte Kater sind meist ähnlich bindungsfreudig wie weibliche Tiere.

So viele Vorteile das Zusammenleben mit dem Menschen auch bietet: Der Wohnungskatzen-Lebensraum bietet kaum Herausforderungen für das einzelne Tier und noch seltener Sozialkontakte mit anderen Katzen. Je größer der Kontakt zum Menschen, desto eingeschränkter der Lebensraum, desto festgefahrener die soziale Struktur.

Bei Wohnungskatzen, deren Lebensraum gerade einmal 100 Quadratmeter groß ist, kann das Zusammenleben deshalb zu Problemen führen: Welche Wohnungskatze kann sich schon ein neues Revier suchen, nur weil sich der neue Katzenpartner als dominant herausstellt, oder kann ausweichen, wenn das junge Kätzchen seine wilden fünf Minuten auslebt? Darum ist es umso wichtiger, durchdacht bei der Auswahl eines Artgenossen für die Katze vorzugehen und eventuelle Spannungspunkte zu erkennen.

Sozialisierung: Früh übt sich, wer verträglich werden will

Moment mal – unsere Katze ist doch ein Einzelgänger? Ist sie nicht allein in ihrem eigenen Revier viel glücklicher, als wenn sie sich Garten und Haus mit anderen Katzen teilen muss? Leider lässt sich diese Frage nicht so leicht beantworten. Denn zur Herkunft der Katze kommt ein besonders wichtiger Faktor: die soziale Prägung, die eine Katze während der ersten Lebenswochen erfährt.

Die ersten Lebenstage und -wochen haben einen enormen Einfluss darauf, wie gut das Sozialverhalten der Katze später ausgeprägt sein wird. (Foto: Shutterstock.de/Orhan Cam)

Man geht heute davon aus, dass der Hang zur Schmusekatze ein Stück weit vererbt wird. Genauso wichtig ist allerdings das Sozialverhalten der Katzenmutter. Ängstliche, zurückgezogen lebende Katzen werden zurückhaltende Jungen aufziehen. Eine Zuchtkatze, die ihren Menschen ganz und gar vertraut, wird ihre Katzenkinder hingegen früh an die menschliche Familie gewöhnen – und gegebenenfalls auch an alle weiteren im Haus lebenden Katzen und anderen Tiere.

Die ersten Lebenswochen des Katzenkinds sind besonders entscheidend, denn in diesen lernt es nicht nur, sich zu putzen, sich kämpferisch im Spiel auszutoben und genießbares Futter von ungenießbarem zu unterscheiden, es lernt auch, sich richtig gegenüber Artgenossen und anderen Lebewesen zu verhalten. Katzen lernen zum großen Teil durch Nachahmen, und so erklärt es sich, dass die Jungen einer wenig sozialen Katze in der Regel weniger „Soft Skills" erlernen als die einer Katze mit gutem Sozialgefüge.

Gut sozialisierten Katzen fällt der Umzug in eine neue Familie meist leichter. Sie können die Körpersprache fremder Artgenossen deuten und wissen, wie sie sich zu verhalten haben. So gestaltet sich nicht nur das Leben mit dem Menschen, sondern auch das Leben im Mehrkatzenhaushalt einfacher. Allerdings: Auch das Sozialverhalten der „sozialsten" Katze schläft nach jahrelanger Einzelhaltung ein!

Freundlich einander zugewandte und ausgeglichene Katzen sind leicht zu erkennen. Ihre

Harmonisches Beisammensein: So sieht es optimalerweise aus! (Foto: Shutterstock.de/Polina Lobanova)

Körpersprache ist offen und entspannt, der Schwanz hängt locker oder ist freundlich erhoben. Eine körperlich und geistig gesunde Katze frisst mit Appetit, sie verrichtet ihr Geschäft in der Katzentoilette und kratzt am für sie aufgestellten Kratzbaum. Sie ruht und schläft entspannt und je nach Alter und Veranlagung spielt sie mehr oder weniger ausgelassen mit anderen Katzen oder ihrem Menschen. Vielleicht kann sie als Freigängerkatze draußen Kontakte zu Artgenossen knüpfen. In einem Mehrkatzenhaushalt mit reiner Wohnungshaltung sind die Katzen einander freundlich zugewandt. Die eine oder andere Rauferei und eine ab und an warnend erhobene Pfote gehören dazu und nicht alle Katzen ruhen zusammen, putzen sich gegenseitig oder spielen miteinander. Dennoch sollte das Zusammenleben generell harmonisch verlaufen. Wie gesagt: Hier handelt es sich um eine Idealvorstellung!

Glücklich als Einzelkatze?

Das Sozialverhalten der Katze unterscheidet sich grundlegend von unserem eigenen. Darum möchte ich an dieser Stelle ausdrücklich darauf verzichten, Parallelen zum vereinsamten, isoliert lebenden Menschen zu ziehen.

In freier Wildbahn kommen Katzen als solitäre Jäger ohne Artgenossen gut zurecht. Das Zusammenfinden größerer Katzengruppen an Stellen mit großem Futterangebot zeigt aber, dass Katzen durchaus das Vermögen zur Bildung sozialer Strukturen besitzen und diese auch genießen. Wer einmal zwei wohlig schnurrende, die gegenseitige Fellpflege genießende Katzen gesehen hat, weiß, was ich meine.

Beim Züchter aufgewachsene oder gar im Tierheim lebende Katzen haben das Zusammenleben mit anderen Katzen erfahren. Auch wenn es hier nicht zu innigen Katzenfreundschaften kam, fehlen diese Kontakte, wenn die Katze plötzlich allein in ein neues Zuhause zieht. Wie liebevoll der neue Halter auch ist: Ein Mensch ist keine Katze und er kann kätzische Sozialkontakte nicht ersetzen.

Nicht vergessen werden sollte zudem das typische Leben einer Katze in reiner Wohnungshaltung. Die Wohnungskatze befindet sich den Großteil des Tages in einer Warteposition, sie ist oft viele Stunden des Tages in einer relativ reizarmen Umgebung allein zu Hause. Den ganzen

WELCHE ZAHL IST RICHTIG?

Zwei, drei, vier oder doch fünf Katzen – gibt es so etwas wie eine magische Zahl? Tatsächlich kommt es mehr darauf an, wie gut einzelne Katzen zusammenpassen, als auf die reine Größe der Katzengruppen.

Zwar gelten Gruppen mit gerader Anzahl klassischerweise als stabiler, dennoch kann das Zusammenführen einer älteren, ruhigen Katze mit einem quirligen Kitten alles andere als optimal sein, während der Einzug von gleich zwei, eventuell sogar verwandten Katzenkindern zu einer älteren Katze besser wäre. Lebt in Ihrem Haus ein gut eingespieltes Dreierteam, könnte eine vierte Katze mehr Unruhe als Ausgleich in die Katzengruppe bringen.

Allein glücklich? Nur bei genauer Beobachtung der Katze kann man herausfinden, ob ihr ein Artgenosse fehlt. (Foto: Shutterstock.de/tankist276)

CHECKLISTE: IST MEINE KATZE EINSAM?

Der sehnsuchtsvolle Blick aus dem Fenster allein ist kein Indikator, dass Ihre Katze einsam ist. Folgende Verhaltensweisen können ein Hinweis darauf sein, dass Ihrer Katze die Gesellschaft von Artgenossen fehlt:

- Die beim Züchter oder im Tierheim lebhafte Katze wirkt plötzlich antriebslos
- Problemverhalten: Unsauberkeit, Kratzmarkieren, Kahllecken
- Raufen, Kratzen, die Wände hochgehen: aggressive Übersprunghandlungen
- Nächtliches Miauen

Tag zu faulenzen und zu dösen ist kein artgerechtes Leben für das Raubtier, das unsere Katze trotz des Zusammenlebens mit den Menschen immer noch ist. Beim kontrollierten Freigang gibt außerdem der Mensch die Zeiten vor, zu denen gejagt, gespielt oder gesonnt wird und in denen die Katze potenziell in Kontakt mit Artgenossen treten kann. Da die Rangordnung in der Katzenwelt je nach Ort und Zeit variieren kann, ist es möglich, dass Ihre Katze in bestimmten Augenblicken vehement Freigang wünscht, zu anderen aber partout nicht aus der Tür treten will.

Von manchen immer wieder einmal auftretenden Problemen im Mehrkatzenhaushalt bleiben Sie als Halter einer Einzelkatze mit Sicherheit verschont. So gibt es in Ihrer Wohnung keine nächtlichen Kämpfe, deren Gepolter Sie aus dem Schlaf reißt. Doch Ihre Katze ist deswegen nicht unbedingt glücklicher. Sie leidet nicht nur an einer gewissen Reizarmut, sondern auch das Sozialverhalten, das sie sich in ihren ersten Lebenswochen angeeignet hat, verarmt langsam. Genau wie die Zusammenstellung eines unpassenden Mehrkatzenhaushalts kann auch dieser Zustand zu einer Depression führen.

Übrigens: Entgegen der landläufigen Meinung zieht sich eine gut sozialisierte Katze nicht vor dem Menschen zurück, sobald sie Kontakt zu Artgenossen hat. Wir Menschen sind keine Katzen und Katzen sind keine Menschen – und unsere Katze ist durchaus in der Lage, zwei so unterschiedliche Freundschaften gleichzeitig zu pflegen.

Doch nun kurz entschlossen einer weiteren Katze ein Zuhause zu geben und zu erwarten, dass dann alles im Lot ist, wäre der falsche Weg. Zunächst gilt es herauszufinden, welche Katze wirklich zu Ihrem Stubentiger passt. Vielleicht sind Sie auch auf der Suche nach einem Pärchen, dem Sie gemeinsam ein Zuhause geben können? Oder Sie möchten Lösungen für kleinere Probleme in Ihrem Mehrkatzenhaushalt finden? Auf den nächsten Seiten erfahren Sie mehr!

Auch bei noch so liebevoller Beschäftigung kann der Mensch den Artgenossen der Katze nicht ersetzen. (Foto: Shutterstock.de/waldru)

(Foto: Shutterstock.de/rawcaptured)

Wenn es Probleme gibt

Dachten Sie gerade noch, ein Artgenosse könne das Beste sein, was Ihrer Einzelkatze passieren kann, oder haben Sie sich das Zusammenleben von gleich zwei (oder drei) neuen Familienmitgliedern in den schönsten Farben ausgemalt? Was für das Leben mit einer Katze gilt, gilt leider auch für das mit zwei, drei oder vier Katzen: Allein mit einem gefüllten Wassernapf, dem besten Futter und einer Katzentoilette ist es selten getan. Verhaltensprobleme, die eine als Einzeltier gehaltene Katze aufweisen kann, können leider auch im Mehrkatzenhaushalt auftreten. Und manchmal wird gegenseitiges Putzen und Spielen durch Machtkämpfe ersetzt.

Die bei der Haltung mehrerer Katzen auftretenden Probleme ähneln oft den typischen Verhaltensstörungen allein lebender Katzen. Wo die Identifikation des Problems und seine Behandlung aber schon bei einer einzigen Katze schwer genug sind, kommt im Mehrkatzenhaushalt ein anderer Faktor hinzu: Keine Katze kann isoliert betrachtet werden. Geht es einer Katze schlecht, wirkt sich dies in der Regel auf das Verhältnis aller Tiere zueinander aus. Und hängt der Haussegen schief, ist jede Katze betroffen ...

Nicht selten führt das Unsauberkeitsproblem einer einzigen Katze, das aus der Verweigerung der neuen Katzenstreusorte entstanden ist, zu Angststörungen eines Artgenossen, der diese wiederum durch Aggression ausdrückt. Sie können sich vorstellen, wie schwer es ist, die Ursache und eine geeignete Therapie zu finden! Verglichen mit unseren Katzen sind wir Menschen

Ein Herz und eine Seele – so sieht es leider nicht immer aus. (Foto: Shutterstock.de/Leonid Ikan)

WICHTIG!

Ergänzend zu den Informationen in diesem Kapitel erhalten Sie im Abschnitt „Hilfe zur Selbsthilfe" ab Seite 35 konkrete Tipps zur Lösung von Problemen.

taub, blind und grobmotorisch: Sehr viele kleine Hinweise, die uns durch Körpersprache, Mimik und Verhalten gegeben werden, verstehen wir leider erst, wenn sie zu handfesten Verhaltensproblemen angewachsen sind. Nicht ohne Grund beschäftigen sich viele Tierverhaltenstherapeuten mehr damit, das Verhältnis zwischen Katze und Mensch zu bereinigen, als den Vierbeiner zu „therapieren". Im Umkehrschluss bedeutet das aber auch, dass unser Verständnis der kätzischen Probleme und ein einsichtiges Handeln in den meisten Fällen der Schlüssel sind. Die einzigartige, perfekte Lösung für all Ihre Probleme werden Sie in diesem Buch aber nicht entdecken. Vielmehr werden Sie die Ursachen verschiedener Verhaltensprobleme im Mehrkatzenhaushalt kennenlernen sowie Tipps erhalten, wie Sie sich als Katzenhalter verhalten sollten, um Ihren Katzen wieder zu mehr Stabilität zu verhelfen. Natürlich ersetzt dieses Buch keine verhaltenstherapeutische Konsultation – es wird Ihnen aber mit Sicherheit neue Einblicke in das Gefühlsleben Ihrer Katzen liefern.

Je mehr Katzen, umso größer die Probleme? Das gilt zwar nicht unbedingt, aber dennoch bedürfen Katzengruppen im Haus eines guten menschlichen Managements. (Foto: Shutterstock.de/ruzanna)

Der kätzische Haushalt steht kopf

Wir haben bereits erfahren, dass Katzen hoch soziale Lebewesen sind, deren hierarchische Strukturen im Zusammenleben je nach Situation stark variieren können – wer auf dem warmen Lesesessel thront, hat nicht unbedingt etwas im Bett zu suchen. Entsprechend fragil und störanfällig ist das Verhältnis auch friedlich zusammenlebender Katzen: Durch den Zuzug eines neuen Familienmitglieds, egal ob Mensch oder Tier, durch einen Umzug oder auch nur eine Neugestaltung der Wohnung kann der kätzische Haussegen in Schieflage geraten und das sorgsam erarbeitete soziale Gleichgewicht ins Wanken geraten.

Deshalb ist es oft so schwierig, einen geeigneten Mitbewohner für eine bereits im Haushalt lebende Katze zu finden. Das gilt übrigens auch, wenn eine dritte, vierte oder fünfte Katze zu einer bestehenden Katzengruppe dazukommt.

Schauen wir uns im Folgenden einmal die Knackpunkte im Katzenhaushalt genauer an – zunächst die Ursachen, bevor es dann an die Problemlösung geht.

Mit ihrer Körper- und Lautsprache und eventuell auch einem übermäßig extrovertierten oder introvertierten Verhalten zeigen Katzen dem aufmerksamen Beobachter frühzeitig, dass etwas in ihrem Leben nicht in Ordnung ist. In Bezug auf Krankheitssymptome gelten Katzen oft als „Meister im Verstecken", und dies lässt sich auch auf soziale Probleme übertragen: Wir Menschen sind meistens viel zu unsensibel, um die ersten feinen Anzeichen wahrzunehmen oder gar zu deuten. Oft reicht ein verändertes Putz- und Fressverhalten noch lange nicht aus, damit der Mensch aufhorcht. Erst wenn es zu deutlichen Verhaltensauffälligkeiten wie Harn- oder Kratzmarkieren kommt, wird uns bewusst, dass ein Problem vorliegt. Wobei dieses nicht nur soziale, sondern auch rein körperliche Gründe haben kann, was die Ursachenforschung nochmals komplizierter macht. Tritt plötzlich ein Problem auf, sollte deshalb immer auch der Tierarzt zurate gezogen werden, um eventuelle organische Ursachen abzuklären.

Gestörtes Fress- und Trinkverhalten

In der Natur jagen Katzen aufgrund der geringen Größe ihrer Beute allein und nehmen 10 bis 20 kleine Mahlzeiten zu sich, die weitab von Artgenossen verzehrt werden. Das Wüstentier Katze nimmt den Großteil der benötigten Feuchtigkeit durch die Nahrung auf und sucht nur selten eine Wasserstelle auf. Außerdem erfolgt der Harn- und Kotabsatz weit entfernt von der Stelle, wo die Katze Nahrung aufnimmt.

Die in den meisten Katzenhaushalten gängige Fütterungspraxis ist vor diesem Hintergrund nicht artgerecht für die Katze. Zwei große Mahlzeiten am Tag, womöglich in Trockenform, die im Mehrkatzenhaushalt direkt neben den Artgenossen, in einem unattraktiven Napf sowie nahe der Katzentoilette präsentiert werden? Hätte sie die Wahl, würde die Katze anders dinieren. So kann schon eine banal erscheinende Handlung wie die tägliche Fütterung zu echten Problemen führen. Das Bedrängen während der Mahlzeiten bis zum Wegscheuchen vom Futter- und Wassernapf sind einfache Machtinstrumente für die dominanteren Katzen im Haushalt. Offensichtlich wird dies, wenn einzelne Katzen zu Fütterungszeiten nur schnell einige Happen hinunterschlingen, dafür aber nachts nach Futter betteln oder sogar nur dann den Platz zur Fütterung aufsuchen, wenn ihr Mensch anwesend ist. Krankhafte Symptome können das häufige Erbrechen nach der

OFFENSICHTLICHE PROBLEME IM KATZENHAUSHALT

- Aggressionen
- Harnmarkieren und übermäßiges Kratz- und Gesichtsmarkieren
- Gestörtes Fress- und Trinkverhalten
- Gestörtes Schlafverhalten
- Kahllecken ganzer Fellpartien
- Ängstlichkeit, chronische Stressanzeichen
- Gesundheitliche Probleme wie Erbrechen oder Durchfall

IN KURZFORM

- **Die traditionellen Abläufe bei der Fütterung sind nicht artgerecht.**
- **Sozialer Druck kann zu Problemen führen: Einzelne Katzen erscheinen nicht mehr zu Fütterungszeiten oder werden vom Napf vertrieben.**
- **Übermäßige Wasseraufnahme, Erbrechen und Fressen unverdaulicher Gegenstände können Hinweise auf eine ernsthafte Erkrankung sein.**

Vor allem plötzliche Änderungen im Verhalten beim Fressen sollten den Besitzer aufhorchen lassen. (Foto: Shutterstock.de/Hasloo Group Production Studio)

Die Körperpflege ist ein wichtiges Element des natürlichen Verhaltens von Katzen. (Foto: Shutterstock.de/Nailia Schwarz)

Fütterung oder das Fressen unverdaulicher Gegenstände wie Wolle oder Katzenstreu sein, was auch als Pica-Syndrom bezeichnet wird.

Die Lösung ist in den meisten Fällen denkbar einfach: Oft tut es schon die getrennte Fütterung einzelner Katzen und eine Umorganisation des Lebensraums sowie das Anbieten einer attraktiven Wasserstelle. Tipps hierzu finden Sie im nachfolgenden Kapitel ab Seite 35. Allerdings sollten Sie bedenken: Katzen brauchen einige Zeit, bis sie sich an Neuerungen gewöhnen. Haben Sie ein wenig Geduld!

Gestörtes Putz- und Schlafverhalten

Katzen sind bis zu 30 Prozent ihrer wachen Zeit mit der Körperpflege beschäftigt. Besonders gern geben sie sich vor und nach dem Fressen sowie nach einem ausgiebigen Schläfchen der Fellpflege hin. Auch in Konfliktsituationen wird gern einmal geputzt. Veränderungen im Putzverhalten sollten deshalb immer ernst genommen werden. Viele Katzen putzen sich strukturiert von vorn nach hinten, es gibt allerdings auch Exemplare, die es hier nicht so genau nehmen. Werden diese Tiere zu Reinlichkeitsfanatikern,

IN KURZFORM

- Putzen und Schlafen sind sensible, lebenswichtige Bestandteile des Katzenalltags.
- Der Schlafplatz der Katze verrät viel über ihren sozialen Status.
- Langfristig reduzierter Schlaf führt zu Stress – ein Teufelskreis!
- Übermäßiger Schlaf kann Hinweis auf ein gesundheitliches Problem sein.
- Gestörtes Putzverhalten und Kahllecken sind Anzeichen von permanentem Stress oder einem gesundheitlichen Problem wie Ungezieferbefall oder chronischem Schmerz.

sollten Sie ebenso aufhorchen, wie wenn ihre überaus penible Katze die Körperpflege komplett zu vergessen scheint. Leckt oder rupft die Katze ganze Fellbereiche kahl, sollten Sie sofort den Tierarzt aufsuchen, um ein gesundheitliches Problem auszuschließen.

Auch aus dem Schlafverhalten von Katzen kann man gute Rückschlüsse auf ihr Befinden ziehen. Das Schlafen und die Wahl des Schlafplatzes sind von Umfeld, Alter, sozialem Status im Mehrkatzenhaushalt und oft auch von der Jahreszeit abhängig. Während dominante Katzen gern auf Herrchens Lesesessel thronen, bevorzugen ängstliche Tiere einen geschützten Schlafplatz, vielleicht im Schrankfach oder hinter dem Fernseher.

In der Regel passen sich Hauskatzen mit ihren Aktivitäten dem Tagesrhythmus ihrer Besitzer an. Dennoch gibt es einige Konstanten: Die Schlafdauer der Katze beträgt 12 bis 15 Stunden am Tag, in dieser Zeit erholt sie sich körperlich und psychisch und verarbeitet Geschehnisse in ihren Träumen. Aus dem Tiefschlaf wachen Katzen nur widerwillig auf. Schreckt die Katze bei dem kleinsten Geräusch auf, kann dies auf einen überwiegend leichten Schlaf und eine Schlafstörung hindeuten. Eine Katze, die nicht mehr ruhen kann, steht unter ständigem Stress und wird ängstlich. Sie wird gesundheitliche Probleme ebenso wie weitere Verhaltensauffälligkeiten entwickeln, was wiederum zu weniger Schlaf führt – ein Teufelskreis.

Störungen im Schlaf- und Putzverhalten sind oft Zeichen für ein grundlegendes Problem in der Katzengruppe oder im Verhältnis zwischen Katze und Mensch. Vielleicht kommt die ältere Katze aufgrund des neuen Kittens im Haushalt nicht mehr zur Ruhe? Oder der kräftige Kater ist so frustriert von der reinen Wohnungshaltung, dass er sich büschelweise das Fell ausreißt? Auch hier gilt es wieder, organische Ursachen auszuschließen, bevor versucht wird, durch genaue Beobachtung eventuelle Knackpunkte in der Katzengruppe zu identifizieren. Wie gestaltet sich der Alltag – werden einzelne Katzen gemoppt, scheinen sie sich durch das Temperament ihrer Artgenossen gestresst oder bedrängt zu fühlen? Haben alle Katzen die Möglichkeit, sich auszutoben? Betrachten Sie die Welt mit Katzenaugen und scheuen Sie sich nicht, im Zweifelsfall einen professionellen Verhaltenstherapeuten zu Hilfe zu holen.

Die ängstliche Katze

Inwieweit eine Katze offensiv oder eher ängstlich ist, ist nicht zuletzt eine Frage ihres Charakters, der vor allem durch genetische Veranlagung, Aufzuchtbedingungen, die schon angesprochene Sozialisierungsphase und auch bisherige Erfahrungen bestimmt wird. So kann es durchaus

IN KURZFORM

- Ängstliche Katzen verraten sich durch ihre Körpersprache: Sie laufen geduckt mit oft struppigem, ungepflegt erscheinendem Fell. Freundliches Zugehen auf andere Katzen oder neue Gegenstände gibt es kaum.
- Ob eine Katze zu den Sensibelchen gehört oder ein Draufgänger ist, wird durch Rasse, Aufzucht, Sozialisierung, Umgebung und sozialen Rang bestimmt.
- Chronische Angst ist ein permanenter Stresszustand, den es zu behandeln gilt.

sein, dass die sonst selbstsichere Katze unter dem Bett verschwindet, sobald es an der Tür klingelt. Zwar gibt es von Natur aus scheue Katzen, bei denen bestimmte Gegenstände Angst auslösen können; doch es ist keinesfalls normal, wenn eine Katze sich immer wieder in Panik befindet.

Verhaltenstherapeutisch unterscheidet man zwischen einer Phobie, die sich nur auf konkrete Dinge wie Plastiktüten oder Hunde bezieht, und einem generellen Angstzustand, in dem sich die Katze permanent befindet. Ursache dafür kann zum Beispiel ein dominanter kätzischer Mitbewohner sein, der die unterlegene Katze ängstigt, was sich an ihrer Körpersprache und ihrem Verhalten deutlich zeigt. Sie zieht sich zurück, spielt nicht mit anderen Katzen, der Schwanz ist nicht

Angst macht krank und unglücklich – das gilt auch für Katzen. (Foto: Shutterstock.de/Richard Schramm)

freundlich erhoben, sondern hängt neutral herunter oder ist sogar zwischen den Hinterbeinen eingeklemmt. Das Fell wirkt nicht nur zu Fellwechselzeiten struppig, eventuell fallen dem Katzenhalter auch einige kahl geleckte Stellen auf. Manche Katzen mit Ängsten sind sehr unruhig, andere eher lethargisch, bei wieder anderen wechseln die beiden Zustände in kurzer Abfolge. Jedes Individuum entwickelt eine andere Strategie, um mit einer Bedrohung klarzukommen. Deshalb zeigen übermäßig ängstliche Katzen auch andere Auffälligkeiten wie Unsauberkeit, übermäßiges Putzen, ein gestörtes Schlafverhalten oder sogar Aggressivität. Gerade bei der Haltung mehrerer Stubentiger sind Ursache und Folge von Angstproblemen schwer zu identifizieren. Im schlimmsten Fall entwickelt sich aus der ständigen Angst eine Depression, bei der selbst lebensnotwendige Aktivitäten wie Futteraufnahme und Schlaf auf ein Minimum beschränkt werden.

Die Angst aus dem Leben einer Katze verschwinden zu lassen ist ganz und gar nicht einfach und hängt vor allem von der Ursache ab. Wurde die Angst durch äußere Veränderungen ausgelöst? Ist die Katze unzureichend sozialisiert und führt das Zusammenleben mit Artgenossen deshalb zu Unsicherheiten? Sind die Lebensbedingungen für einen Mehrkatzenhaushalt geeignet, gibt es genug Katzentoiletten und Futterstellen? Wird die ängstliche Katze vielleicht sogar von anderen Mitkatzen bedroht und führt der soziale Stress zu einer ständigen Angst? Vielleicht hat sie sogar ein schweres Trauma erlebt und die Symptome haben gar nichts mit der Haltung mehrerer Artgenossen zu tun?

Neben einer Optimierung der Lebenssituation sollte ein ruhiges Umfeld dazu beitragen, dass die Katze langsam wieder zu sich finden kann. Tägliche Rituale können helfen, ihr wieder Sicherheit zu geben. Regelmäßige Schmuseeinheiten mit dem Besitzer sind besonders wichtig, falls von der Katze gewünscht. Ängstliche Katzen stehen oft am unteren Rand der Katzenhierarchie, und zwar unabhängig von Zeit und Ort. An erster Stelle steht daher die Suche nach dem Auslöser des auffälligen Verhaltens: Wie ist der soziale Status der ängstlichen Katze, welche Artgenossen üben Druck aus und wie tun sie es? Kann die Katze noch die Katzentoilette aufsuchen, ohne bedroht zu werden, und hat sie die Möglichkeit, in Ruhe zu fressen und zu schlafen? In schweren Fällen gibt es die Möglichkeit einer medikamentösen Behandlung, die aber in jedem Fall mit dem Tierarzt besprochen werden sollte (siehe hierzu auch ab Seite 49).

Aggressionen

In einer Sozialstruktur, die durch Zeit und Ort festgelegt ist, geht es kaum ohne Streitigkeiten ab: Konfrontationen gehören zum Katzenleben. Katzenkinder nutzen den spielerischen Kampf zum Beispiel, um ihre Muskeln zu stählen, und für befreundete Katzen ist das soziale Spiel etwas ganz Normales. Wird es einmal ernst, beschränkt sich der Austausch zwischen zwei unbekannten erwachsenen Katzen aber in der Regel auf eine rein distanzierte Aggression. Durch Anstarren oder eine erhobene Pfote wird die Sachlage in den meisten Fällen geklärt. Kämpfe mit ernsthaften Verletzungen gibt es eher selten, doch sie kommen vor.

Beobachten Sie bei zusammenlebenden Katzen regelmäßige Konfrontationen, die über den spielerischen Kampf hinausreichen, ist höchste Vorsicht geboten. Die beteiligten Katzen sollten möglichst schnell getrennt werden, bevor es an die Ursachensuche und -behandlung geht. Greifen Sie jedoch nie in einen akuten Kampf ein, um sich selbst nicht zu gefährden. Im Notfall kann ein lautes Händeklatschen helfen, die beiden

Angst und Aggression sind bei Katzen nicht immer zu unterscheiden. (Foto: Shutterstock.de/Ekaterina Cherkashina)

IN KURZFORM

- Permanente Aggression kann Zeichen eines Ungleichgewichts im Katzenhaushalt sein.
- Sollte sich die Aggression gegen Mitkatzen richten, ist eine sofortige Trennung Pflicht!
- Weitere Ziele für aggressives Verhalten sind unbelebte Gegenstände oder Menschen.
- Unzureichende Lebensumstände und ein soziales Ungleichgewicht in der Katzengruppe können Ursache sein, ebenso akute und chronische Erkrankungen einer Katze im Mehrkatzenhaushalt.
- Oft entwickeln sich Aggressionen bei unzureichend sozialisierten, hyperaktiven (Jung-)Katzen.

Streithähne zu trennen und eine Katze außer Reichweite zu bringen.

Übrigens interpretieren viele Menschen die Körpersprache aggressiver Katzen falsch: Die passiv wirkende Katze, die bis auf Anstarren und eine eventuelle Sitzblockade keine Bedrohung auszustrahlen scheint, ist in der Regel der Aggressor, während die bedrohte Katze sich auf die Seite oder den Rücken legt, faucht, knurrt und manchmal sogar spuckt.

Aggressionen können sich nicht nur gegen Mitkatzen richten, sondern je nach Ursache auch auf Gegenstände oder den Menschen übergreifen. Leider sind die Ursachen einer Aggression alles andere als einfach zu identifizieren. Sie können sozialer Natur sein, aus chronischem Schmerz oder Angstzuständen entstehen, auf einer reizarmen Umgebung beruhen oder aber Ausdruck einer anderen Verhaltensstörung sein. Unzureichend sozialisierte, lebhafte Jungkatzen zeigen

Ein bisschen spielerische Rauferei gehört dazu – Aggressionen im Mehrkatzenhaushalt müssen dagegen unbedingt behandelt werden. (Foto: Shutterstock.de/karamysh)

oft aggressives Verhalten gegenüber Mitkatzen, das sich aus einer Art Hyperaktivität entwickelt: Beim Spielen mit Mitkatzen und unbelebtem Spielzeug sind sie besonders grob und wirken unkontrolliert – ihre Frustrationsgrenze ist so niedrig, dass Artgenossen schon bei der kleinsten Gelegenheit angegangen und verfolgt werden.

Leben Katzen zusammen, wirkt sich eine derartige Störung auf die gesamte Katzengruppe aus. Das gilt auch für eine Angststörung, die die Kommunikation zwischen bisher befreundeten Katzen beeinträchtigen kann. In solchen Fällen zeigt meistens nicht nur eine Katze Symptome, sondern alle Katzen eines Haushalts verhalten sich auffällig. Eine genaue Beobachtungsgabe ist gefragt, um die Veränderungen in der Katzengruppe erkennen und den eigentlichen Aggressor identifizieren zu können.

Wird eine ältere oder kranke Katze von ihren jungen Mitkatzen gemoppt, liegt in den meisten Fällen ein Problem der sozialen Struktur zugrunde. Das Gleiche gilt, wenn schlecht sozialisierte Tiere zu einer bestehende Katzengruppe ziehen: Was uns wie ein Katzenparadies vorkommt, kann bei Katzen ohne „Katzenerfahrung" zu Angstzuständen führen. Nach dem „Fight or flight"-Prinzip kann dies durchaus zu aggressivem Verhalten gegen Mitkatzen führen. Auch ist es überhaupt nicht lustig, wenn der Kater ans Bein des Menschen springt und sich in der Jeans verbeißt. Diese ernsthafte Verhaltensstörung ist oft Ausdruck einer Angststörung, kann jedoch auch chronische Schmerzen, sozialen Druck im Mehrkatzenhaushalt oder nicht artgerechte Lebensbedingungen anzeigen. Letzteres ist beispielsweise der Fall, wenn junge Bauernhofkatzen in ein neues Zuhause mit Wohnungshaltung ziehen. Sie sind Freigang gewohnt und finden kein anderes Ventil für ihr Temperament als die Wände hochzugehen – oft im wortwörtlichen Sinne.

Gesunde Katzen lernen schon im frühen Alter leicht, die Katzentoilette zu benutzen. Ausnahmen bestätigen die Regel, doch mit ein wenig Konsequenz werden auch Spätentwickler stubenrein. (Foto: Shutterstock.de/borzywoj)

IN KURZFORM

- Nicht jedes Geschäft außerhalb der Katzentoilette ist als Markieren anzusehen.
- Markieren ist ein Kommunikationsinstrument und zeigt sich meistens durch Harnabsatz bei hocherhobenem Schwanz.
- Markieren löst oft eine Kettenreaktion aus – das Problem sollte deshalb schnellstmöglich gelöst werden.
- Die Ursachen reichen vom unzureichenden Katzentoilettenangebot über sozialen Stress bis hin zu gesundheitlichen Problemen.
- Beide Symptome können Begleiterscheinungen anderer Verhaltensstörungen sein.

Nach einer tierärztlichen Abklärung gilt es darum auch hier, die Ursache zu suchen. Oft besteht die Therapie aus einem reinen Suchspiel: Den Wohnraum zu optimieren und allen Katzen möglichst viele Gelegenheiten zu geben, sich auszutoben und aufkommende Aggressionen auf „katzengerechte" Art und Weise abzubauen, ist in der Regel ein guter erster Schritt. Ausgiebiges Spiel kann hier genauso helfen wie ein Überdenken der Freigangssituation. Als hilfreich hat sich der Einsatz von naturheilkundlichen Mitteln sowie, nach Absprache mit dem Tierarzt, eine Pheromontherapie erwiesen, wie im nachfolgenden Kapitel (ab Seite 49) beschrieben.

Unsauberkeit und Harnmarkieren

Verrichtet die Katze ihr Geschäft auf dem neuen Wohnzimmerteppich anstatt in der Katzentoilette, wird wohl jeder Katzenhalter hellhörig. Die Katze „markiert"! Oder? Tatsächlich ist nicht jeder Harn- und Kotabsatz Markieren im klassischen Sinne, und nicht jede Art des Markierens äußert sich durch Verrichten des Geschäfts außerhalb des Katzenklos. Wichtig ist: Sowohl Unsauberkeit als auch Harnmarkieren werden von der Katze nicht bewusst zur „Erziehung" des Menschen eingesetzt – deshalb sind Bestrafungsversuche kontraproduktiv! Viel wichtiger ist die Suche nach der Ursache. An erster Stelle steht dabei die Unterscheidung zwischen Unsauberkeit und Harnmarkieren.

Körperliche Ursachen, wie etwa eine Blasenschwäche bei älteren Katzen, kann zur Unsauberkeit führen. Hauptgrund für dieses Problem im Mehrkatzenhaushalt ist jedoch ein nicht genügend ausgeklügeltes Katzentoilettensystem. Die Zahl der Katzentoiletten sollte der Anzahl der Katzen plus eins entsprechen. Bei zwei Katzen werden also drei Katzentoiletten benötigt, bei drei Katzen vier Toiletten. In der Praxis mag es viele Beispiele dafür geben, dass sich zusammenlebende Katzen bei regelmäßiger Reinigung problemlos eine Katzentoilette teilen. Bei einem bestehenden Unsauberkeitsproblem können fehlende Ressourcen aber durchaus die Ursache sein, sodass die Behebung leicht ist.

Mindestens so wichtig wie die Zahl der Toiletten ist deren Qualität und der Standort. In einem zugigen Durchgangszimmer wird keine Katze gern ihr Geschäft verrichten, und viele Katzen bevorzugen offene Toiletten gegenüber Haubenklos. Weitere Informationen zur Auswahl der optimalen Katzentoilette finden Sie im nächsten Kapitel ab Seite 38.

Bei den Gesichtsmarkierungen verteilt die Katze dezente, für den Menschen nicht wahrnehmbare Gerüche an Gegenständen, Mitkatzen und Personen. (Foto: Shutterstock.de/Idambies)

BESUCH VOM NACHBARN

Haben auch Sie in Ihrer Nachbarschaft eine nette Katze, die ab und zu „vorbeischaut" und sich ein paar Streicheleinheiten oder ein Leckerchen erbettelt? Für die eigene Katze kann dies eine echte Bedrohung sein. Sind die beiden Katzen keine offensichtlichen Freunde oder wird die eigene Katze sogar ausschließlich in der Wohnung gehalten, ist es besonders bedrohlich, wenn eine Freigängerkatze auf diese Weise immer wieder in das Revier eindringt, eigene Gerüche mitbringt und dann noch den Sozialpartner Mensch beansprucht. Nicht verwunderlich, wenn in diesem Fall markiert wird! Seien Sie Ihrer Katze gegenüber loyal und locken Sie Nachbarskatzen deshalb nicht aktiv an – auch wenn es Ihnen schwerfällt. Auch sehr anhängliche Exemplare verlieren in der Regel das Interesse, sobald sie ignoriert und ihnen das fremde Revier nicht mit Futter und Streicheleinheiten schmackhaft gemacht wird.

Im Gegensatz zur Unsauberkeit ist Harnmarkieren eine Art der Kommunikation. Markierende Katzen trippeln mit den Hinterpfoten und hinterlassen ihre Visitenkarte mit erhobenem, zitterndem Schwanz und oft im hohen Bogen. Dabei ist Harnmarkieren absolut keine Männerdomäne: Das Kastrieren schränkt das Markierverhalten zwar deutlich ein, doch auch weibliche oder kastrierte Tiere können markieren.

Was für uns Menschen eklig und unhygienisch ist, ist für die Katze ein absolut normales Verhalten. Sie steckt die Grenzen ihres Reviers ab und verteidigt dieses gegen Artgenossen. Das Problem: Je mehr wir die verunreinigten Stellen mit scharfen Putzmitteln schrubben, umso eher wird die Katze animiert, noch einmal zu markieren. Lassen wir bestehende Markierungen einfach bestehen, werden im Haus lebende Katzen wahrscheinlich ähnlich reagieren und „ihre" Marke noch einmal darübersetzen ...

Was also tun? Frühes Gegensteuern ist wichtig. Um festzustellen, wer der „Schuldige" ist, bieten sich eine Färbung des Urins mit bestimmten Medikamenten an oder eine Trennung einzelner Tiere. Markieren hat immer eine Ursache – können gesundheitliche Gründe ausgeschlossen werden und sind die Tiere kastriert, ist die Schaffung einer artgerechten Umgebung ein Muss. Haben alle Katzen genügend Platz, Kratzmöglichkeiten und Rückzugsraum? Werden bei der Fütterung und bei der Nutzung der Katzentoilette einzelne Tiere bedrängt? Dann gilt es zunächst, diese Rahmenbedingungen zu optimieren. Schwieriger wird es, wenn Harnmarkieren als Ausdruck einer anderen Erkrankung wie zum Beispiel einer Angststörung auftritt. Grundsätzlich sollten zur Reinigung lieber neutrale, geruchsfreie Putzmittel verwendet werden, da stark riechende Reiniger Katzen zum erneuten Markieren anregen.

Übrigens: Steckt die Katze ihr Revier ab, stinkt es nicht unbedingt. Gesichtsmarkierungen sind ein subtiler Weg für unsere Stubentiger, um eine Wohlfühlumgebung zu schaffen. Hierbei reibt die Katze Kinn, Kopf und oft die gesamte Flanke an Gegenständen, Mitkatzen und Personen und verteilt so das „Wohlfühlhormon", das auch in einigen Hormonsprays enthalten ist.

Diese Geste lässt nicht nur eine gemeinsame Geruchswelt entstehen, sondern führt auch zum Etablieren einer Rangordnung. Katzen, die höher in der Rangordnung stehen, erhalten mehr „Köpfchen" von ihren Artgenossen als Tiere mit unbedeutendem Rang. Es gibt noch

Duftdrüsen an den Pfoten markieren die Stellen, an denen die Katze die Krallen wetzt. (Foto: Shutterstock.de/PaulShlykov)

eine dritte Art des Markierverhaltens, das Kratzmarkieren, das im folgenden Abschnitt behandelt wird.

Kratzmarkieren

Dass ein Kratzbaum in jeden Katzenhaushalt gehört, ist bekannt. Doch nicht immer halten die Kratzgelegenheiten unsere Katzen davon ab, sich nicht doch noch am Teppichboden oder dem neuen Sofa zu vergreifen ... Was oft fälschlicherweise als „Krallenschärfen" gedeutet wird, ist in Wirklichkeit Kratzmarkieren. Kratzspuren haben vielfältige Wirkung: Die Duftdrüsen an den Pfoten der Katzen hinterlassen Wohlfühlhormone, das Kratzen an sich scheint zum Wohlbefinden der Katze beizutragen. Sichtbare Kratzmarkierungen geben anderen Katzen zu bedeuten:

IN KURZFORM

- Kratzmarkierungen sind ein natürliches Bedürfnis der Katze, mit dem sie sich ihre „Wohlfühlumgebung" schafft.
- Das Kratzen an rauen Oberflächen hat zudem eine krallenpflegende Wirkung.
- Sind keine ausreichenden Kratzmöglichkeiten vorhanden oder kommt es zu sozialem Stress, wird gern auf Möbelstücke und Gegenstände ausgewichen.

Das Kratzmarkieren gehört zu den wichtigen Grundbedürfnissen und muss auch bei mehreren Katzen im Haushalt erfüllbar sein ...
(Foto: Shutterstock.de/Lenkadan)

... und zwar an solchen Stellen, mit denen der Mensch gut leben kann ...
(Foto: Shutterstock.de/Paul Kuroda)

Hier wohne ich! Natürlich dient Kratzen auch der Krallenpflege, gerade für Wohnungskatzen ist die Abnutzung der sonst zu lang werdenden Krallen wichtig. Manchmal ist das Kratzmarkieren auch Begleiterscheinung anderer psychischer Störungen; beobachten Sie Ihre Katze genau und ziehen Sie im Zweifelsfall einen Verhaltensexperten zurate.

Als Kratzgelegenheit eignet sich nicht nur ein deckenhoher Katzenbaum; auch an verschiedenen Stellen vertikal und horizontal angebrachte Kratzbretter werden gern angenommen. Diese Vielfalt bietet sich vor allem im Mehrkatzenhaushalt an: So hat jede Katze „ihre" Kratzgelegenheit und es kommt nicht zu einem künstlich erzeugten Wettlauf um die beste Stelle. Das ist vor allem bei hohen Kratzbäumen interessant: Hohe Aussichtspunkte wirken anziehend auf die Katze; wer höher sitzt, hat das Sagen. Können Sie es Ihrer Katze verübeln, wenn sie eine Ausweichstelle sucht, da die dominantere Katze permanent den Kratzbaum belegt?

Sind keine ausreichenden Möglichkeiten zum Krallenwetzen vorhanden, sind Katzen nicht wählerisch: Teppichboden tut es hier genauso wie der antike Wohnzimmerschrank. Kratzmarkierungen werden regelmäßig erneuert – wo einmal gekratzt wird, wird in der Regel immer gekratzt. Deshalb ist es umso wichtiger, von Anfang an durchdachte Kratzmöglichkeiten anzubieten, an denen sich die Katze ausleben kann. Wird doch einmal „fremdgekratzt", ist das Problem selten mit Erziehungsmaßnahmen in Form von Beschimpfungen oder Wasserspray lösbar. Die Katze wird ihre Markierungen einfach erneuern, sobald der Mensch nicht mehr zugegen ist. Als sehr viel effektiver haben sich das Anbieten attraktiverer Kratzmöglichkeiten sowie, als kurzfristige Lösung, das Anbringen von doppelseitigem Klebeband erwiesen. An den Pfoten klebendes Band macht den aktuell bevorzugten

Sind beide gesund? Bei Verhaltensauffälligkeiten sollte immer auch die körperliche Gesundheit aller Katzen eines Haushalts genau unter die Lupe genommen werden. (Foto: Shutterstock.de/Nailia Schwarz)

Kratzplatz abstoßend für die Katze, während ein neuer, attraktiverer Platz, der zum Beispiel mit Katzenminze ganz besonders interessant gemacht werden kann, zum Austoben einlädt.

Gesundheitliche Probleme

Verhaltensprobleme sollten nie isoliert betrachtet werden. Selbst Aggressionen zwischen zwei oder mehreren Katzen können eine Erkrankung eines Tiers zur Ursache haben. Schmerzhafte und chronische Erkrankungen sind oft Auslöser eines gestörten Gleichgewichts im Katzenhaushalt. Andauernder Schmerz lässt selbst die geduldigste Katze zur Furie werden. Ohne Beseitigung der Ursache werden auch mehrfache Änderungen der Lebensbedingungen oder ein Optimieren der Katzengruppe nicht zur gewünschten Harmonie führen. Gerade bei länger bestehenden Problemen hat sich der Stress in der Katzengruppe aber oft schon so gefestigt, dass eine rein medizinische Behandlung der Ursache nicht ausreicht. Katzenhalter können hier von einem in der Verhaltensmedizin ausgebildeten Tierarzt profitieren.

Im Umkehrschluss können gesundheitliche Probleme aber auch Zeichen für eine ernsthafte Verhaltensstörung und ein bisher unerkanntes Problem in der Katzengruppe sein. Die bereits beschriebene Unsauberkeit ist sicherlich der deutlichste Hinweis, den ein Katzenhalter erhalten kann – doch auch oft als harmlos angesehenes Erbrechen, Haarausfall, Speicheln, das Fressen unverdaulicher Bestandteile (Pica-Syndrom) und Stimmungsschwankungen zeigen an, dass etwas nicht stimmt. Nicht immer ist die Ursache in der Katzengruppe zu suchen. Lässt sich aber keine organische Ursache feststellen, lohnt es sich in der Regel, die sozialen Strukturen einmal genau unter die Lupe zu nehmen.

(Foto: Shutterstock.de/Sergej Razvodovskij)

Hilfe zur Selbsthilfe:

So kehrt Ruhe ein

Wir haben bereits gesehen, dass vielfältige Auffälligkeiten oft Ausdruck eines einzigen Problems sein können, sich andererseits aber unterschiedliche Probleme auch auf die gleiche Art und Weise zeigen können. Die Knackpunkte im Mehrkatzenhaushalt zu identifizieren ist eine Sache. Sie produktiv anzugehen und das Zusammenleben der kätzischen Wohngemeinschaft angenehmer zu machen, ist eine andere. Sie kennen Ihre Katzen am allerbesten und können Verhaltensänderungen identifizieren, die ein Fremder nie erkennen würde. Scheuen Sie sich dennoch nicht, bei Bedarf die Hilfe eines Tierarztes oder Tierverhaltenstherapeuten in Anspruch zu nehmen. Das bedeutet allerdings nicht, die Verantwortung für Ruhe in Ihrer Katzengruppe ganz aus der Hand zu geben. Zunächst einmal sind Sie am Zug.

Probleme aussitzen – oder lieber nicht?

Die Hoffnung, dass akute Probleme nur eine Phase sind und sich von selbst lösen, hält viele Katzenhalter vom schnellen Handeln bei Streit in der Katzengruppe ab. Auch in menschlichen Beziehungen gibt es ja mal einen schlechten Tag ... Tatsächlich gibt es durchaus Katzengruppen, die sich ohne externe Hilfe stabilisieren. Eine nach der Tierarztbehandlung nach „Praxis" riechende Katze mag nach wenigen Stunden wieder voll

Dass sich Probleme zwischen zwei Katzen von selbst regulieren, ist in den meisten Fällen leider ein Trugschluss. (Foto: Shutterstock.de/Denis Mironov)

und ganz akzeptiert werden, sobald der störende Geruch verflogen ist. Ein Neuankömmling kann sich vielleicht nach ein bis zwei Wochen der Unsicherheit voll und ganz in die Katzengruppe integrieren. Und dass eine Katze keinen Appetit hat, kommt auch mal vor.

Nicht selten ist die Hoffnung auf Selbstregulierung aber ein Trugschluss, denn anstatt sich aufzulösen, verfestigen sich viele Probleme sogar eher. Ein Beispiel ist das Kratz- oder Harnmarkieren. Einmal markierte Stellen werden regelmäßig erneuert, vielleicht sogar von anderen Mitgliedern der Katzengruppe überdeckt und dann noch häufiger frequentiert – ein Teufelskreis, aus dem es so schnell kein Entkommen gibt.

Auch Angsterkrankungen verschwinden nicht einfach. Die Katze mag sich vielleicht an einen Phobie auslösenden Gegenstand gewöhnen, doch in den meisten Fällen benötigt eine Desensibilisierung viel Zeit – und hier reden wir noch gar nicht von Katzen mit einer Depression, deren Angst kaum noch Raum für überlebenswichtige Aktivitäten lässt. Gerade in größeren Katzengruppen gehen solche Katzen oft unter, ziehen sich nach und nach immer weiter zurück und werden vielleicht sogar von dominanteren Tieren gemoppt. Zu guter Letzt lösen sich medizinische Probleme selten von selbst, sondern bedürfen meist einer Behandlung.

Wie in der menschlichen Psychotherapie gibt es auch bei psychischen Problemen im Mehrkatzenhaushalt nur selten eine ultimative Lösung für ein spezifisches Problem. Mit dem Kauf eines deckenhohen Kratzbaums oder eines Pheromon-

CHECKLISTE: KLEINE STREITIGKEIT ODER ERNSTES PROBLEM?

Die Einschätzung, ob es sich um eine kleine Streitigkeit in der Katzenfamilie oder ein tiefer gehendes Problem handelt, das eine Behandlung erfordert, ist nicht immer einfach. Im Sinne Ihrer Katzen (und auch in Ihrem eigenen) sollten Sie an ein grundlegendes soziales Problem in der Katzengruppe oder eine ernsthafte Verhaltensstörung denken, wenn einer oder mehrere der folgenden Punkte zutreffen – bitte beachten Sie dabei jedoch, dass diese Punkte nur der Orientierung dienen und sich aus ihnen allein keine Diagnose ableiten lässt:

- Das durch eine neue Lebenssituation ausgelöste Problem hat sich nach ein bis zwei Wochen nicht von allein stabilisiert.
- Ein auffälliges Verhalten von nur einer Katze hat mittlerweile auf weitere Katzen übergegriffen.
- Mindestens eine Katze zeigt starke Angstsymptome und zieht sich von der restlichen Katzengruppe und eventuell auch der menschlichen Familie zurück.
- Mindestens eine der Katzen scheint schon alltägliche Gewohnheiten wie Putzen und/oder Fressen zu verweigern.
- Eine oder mehrere Katzen zeigen sich außergewöhnlich aggressiv, eventuell kam es auch schon zu Verletzungen.
- Kratz- und/oder Harnmarkierungen zieren Möbel und Wände.
- Sie wissen, dass eine Ihrer Katzen eine traumatische Erfahrung durchlebt hat.
- Es kommt zu gesundheitlichen Symptomen wie Erbrechen, dem büschelweisen Ausreißen von Haaren oder Durchfall.

Beobachten Sie Ihre Katzen bewusst – nur so können Sie Verhaltensänderungen frühzeitig wahrnehmen und mit den richtigen Maßnahmen gegensteuern. (Foto: Shutterstock.de/Joop Snijder Photography)

sprays allein ist es selten getan; oft und gerade bei schon länger andauernden Problemen findet sich das richtige Therapieschema erst nach einigen Versuchen und einer entsprechenden Zeitspanne. Viele Katzenhalter geben vorher auf oder beginnen diesen manchmal aufwendigen Weg gar nicht erst. Doch man sollte sich immer bewusst sein: Neue Standorte für Katzentoilette und Co. mögen für Familie und Freunde vielleicht ungewohnt sein, doch sie stören sicher weniger als Harnspuren. Wenn Sie diesen Ratgeber in die Hand genommen haben, wird Ihnen das Wohl Ihrer Katzen am Herzen liegen. Sehen Sie die ganze Situation als einen kleinen Baukasten zum Thema Katzenverhalten – dann macht es gleich viel mehr Spaß, die Kommunikationswege Ihrer Katzen unter die Lupe zu nehmen, Möbel zu rücken und nach dem ultimativen Kratzbaum zu suchen. Natürlich sollen Sie nicht bei jedem freundlichen Spiel Ihrer Katzen diesen Ratgeber zur Hand nehmen und einen Termin beim Verhaltenstherapeuten vereinbaren – es hilft aber, ein Auge auf die Entwicklung zu haben und bei eventuell weitergehenden Problemen zu handeln. Noch einmal: Nur Sie kennen Ihre Katzen gut genug, um diese Entscheidung treffen zu können!

Wohnungs(um)gestaltung

Wenn auch nur die geringste Möglichkeit besteht, dass die Probleme in Ihrem Katzenhaushalt auf eine unzureichende Umgebung zurückzuführen sind, sollte eine Wohnungsumgestaltung in kleinen Schritten die erste Maßnahme sein. Schon

Schaffen Sie Ihren Katzen eine Umgebung, in der sie sich wohlfühlen – dann werden sich viele der häufigen Probleme im Mehrkatzenhaushalt auflösen oder gar nicht erst entstehen. (Foto: Shutterstock.de/veera)

die Haltung eines einzigen Stubentigers stellt besondere Herausforderungen an die Wohnumgebung – gerade dann, wenn Sie Ihrer Katze keine Möglichkeit zum Freigang bieten können. Leben gleich mehrere Stubentiger in Ihrem Haushalt, kann das Schaffen von genügend Rückzugs- und Spielmöglichkeiten für jede Katze zu einer Herausforderung werden. Doch verzagen Sie nicht: Ein katzen- und menschengerechtes Paradies zu schaffen hat auch seine Reize, und kleine, bedächtig ausgeführte Veränderungen sind oft wirksamer als eine völlige Neugestaltung der gesamten Wohnung.

Eine Frage der Ressourcen

Viele Probleme im Mehrkatzenhaushalt entstehen aus Mangel an individuellem Freiraum: Auch wenn wir unsere Hauskatzen als durchaus soziale Wesen bezeichnen können, hat jede Katze ein Bedürfnis nach einem ruhigen Fressplatz, braucht sie die Möglichkeit, sich ungestört zurückzuziehen und die Umgebung zu betrachten, wünscht sie sich ausreichend Kratzmöglichkeiten und ein sauberes Plätzchen, um ihre Hinterlassenschaften zu verscharren.

Jeder einzelnen Katze „ihren" Bereich zuzubilligen ist gerade in turbulenten Familien mit mehreren Tieren schwer. Bitte bedenken Sie: Die oben aufgeführten Punkte sind die minimalen Anforderungen – je nach Persönlichkeit, bisherigen Erfahrungen und Sozialisierung können noch weitere und andere Anforderungen hinzukommen. Miezi mag vielleicht besonderen Wert darauf legen, eine saubere Katzentoilette zu benutzen, während Blacky, mit der einfachen Kratzlatte unterfordert, aus Frust auf den Teppichboden

DAS BRAUCHT JEDE KATZE IM MEHRKATZENHAUSHALT

- Einen ruhigen Fressplatz
- Attraktive Trinkmöglichkeiten
- Eine saubere Katzentoilette, die rund um die Uhr verfügbar ist
- Katzengerechte Kratzmöglichkeiten
- Eine Rückzugsmöglichkeit zum Schlafen und Dösen mit Ruhe vor Mitkatzen und Menschen
- Eine erhöhte Aussichtsplattform
- Möglichkeiten, sich spielerisch auszutoben
- Zeit mit ihrem Menschen

ausweicht. Von ihren Mitkatzen genervt, verbringt die sensible Sheila den Großteil des Tages unter dem Bett, während es dem aufgeschlossenen Simba egal ist, wenn sein Lieblingsliegeplatz besetzt ist – er döst einfach dort, wo es ihm gerade einfällt, und ignoriert das Treiben der lebhaften Menschenfamilie. Ohne ausreichende Möglichkeiten, ihre alltäglichen individuellen Bedürfnisse auszuleben, werden Katzen leider allzu schnell auf aus Katzensicht attraktive Alternativen ausweichen. So eignet sich der Blumentopf hervorragend als Katzentoilette, und am Stamm der Zimmerpflanze werden Markierungen hinterlassen ...

Das Bedürfnis nach Sicherheit

Ein elementares Bedürfnis, das beim Gestalten der katzengerechten Wohnung, der Wahl der richtigen Toilette und dem Anbringen des deckenhohen Kratzbaums oft in den Hintergrund gerät, ist der Bedarf nach Sicherheit. Katzen mögen Raubtiere sein, doch sie sind größeren Fleischfressern wie Hunden, Greifvögeln und Füchsen körperlich unterlegen. In der freien Natur wird deshalb nur an einem absolut sicheren Ort gefressen, gedöst oder das Geschäft verrichtet.

Sicherheit ist ein elementares Bedürfnis jeder Katze. Besonders stark ausgeprägt ist es bei sensiblen Tieren, solchen mit schlechten Erfahrungen und Traumata oder Katzen, die nicht ausreichend auf Mitkatzen und Menschen sozialisiert wurden. Eine Katze, deren Bedürfnis nach Sicherheit nicht erfüllt wird, wird sich nach und nach zurückziehen und im schlimmsten Fall eine Angststörung entwickeln. Während Kratz- und Harnmarkierungen kaum zu übersehen sind, bleibt dieser Vorgang gerade in einem turbulenten Haushalt oft unentdeckt.

Achten Sie beim (Um-)Gestalten Ihrer Wohnung darauf, dass Fress- und Kratzmöglichkeiten sowie Katzentoiletten an einem ruhigen Ort platziert werden. Bauen Sie genügend Versteckmöglichkeiten ein, damit sich jede Katze jederzeit vor Mitkatzen und Menschen in Sicherheit bringen kann. Und wundern Sie sich nicht, wenn eine Ihrer Fellnasen das unterste Schrankfach der Designkatzenhöhle vorzieht.

Das Sicherheitsbedürfnis unserer Katzen ist besonders wichtig, wenn es ums Schlafen geht. Hauskatzen schlafen bis zu 15 Stunden am Tag, ihre Schlafphasen ähneln denen von uns Menschen: Auf einen leichten Schlaf, bei dem die Katze sprungbereit jede Sekunde aufwachen kann, folgt der Tiefschlaf mit einer ausgeprägten Traumphase und einer erhöhten Hirnaktivität. Wissenschaftler vermuten, dass sich Lernprozesse, Trieb- und Stressbewältigung vor allem in dieser Schlafphase abspielen. Kein Wunder, dass der Entzug von Tiefschlaf zu vermehrtem Hungergefühl, Aggressivität und Lernschwäche beim Menschen führt. Entsprechend wichtig ist ein erholsamer Schlaf auch für unsere Katzen.

Manchmal lieben Katzen es, eng aneinandergekuschelt zu schlafen. Dennoch sollte für jede Katze die Möglichkeit bestehen, einen eigenen ruhigen Schlafplatz zu finden. (Foto: Shutterstock.de/Irina1977)

Gerade in Haushalten mit mehreren Tieren und entsprechend viel Trubel ist Ruhe aber oft ein Fremdwort. Im Sinne Ihrer Katzen sollten Sie darauf achten, dass genügend Ruhe- und Schlafmöglichkeiten vorhanden sind und sich jede Ihrer Katzen jederzeit zurückziehen kann. Ein Schlafkörbchen mitten im Wohnzimmer tut es selten, hier werden nur robuste und unerschrockene Naturen Ruhe finden. Versuchen Sie es einmal mit einer gefalteten Decke hinter oder unter dem Bett, einer weichen Matte auf der Fensterbank, gern auch hinter der Gardine, oder einem „zufällig" offen gelassenen Schrankfach. Sie werden sich wundern, wie schnell eine Ihrer Katzen das versteckte Juwel entdecken und sich selig schlummernd dort einkuscheln wird.

Zeit und Ruhe für das Futter

Jede einzelne Katze eines Haushalts braucht genügend Zeit, Raum und Ruhe, damit sie ihre Mahlzeit ohne Stress und in der ihr angemessenen Geschwindigkeit zu sich nehmen kann. Die in den meisten Katzenhaushalten gängige Praxis, alle Katzen zeitgleich am gleichen Ort zu füttern, ist deshalb alles andere als katzengerecht. Dennoch scheinen halbwild lebende Katzen kein Problem damit zu haben, sich an Futterstellen zusammenzufinden, und bis auf wenige Ausnahmen laufen diese Zusammenkünfte auch ohne Probleme ab. Auch sind zwei miteinander befreundete Katzen durchaus in der Lage, ihren Futterplatz zu teilen. In dem Moment jedoch, wenn eine Katze von ihrem Futternapf verjagt oder langsam verdrängt wird, sollten Sie sich darüber Gedanken machen, wie Sie die Fütterungssituation optimieren können.

In freier Natur nehmen Katzen acht bis zwölf kleine Mahlzeiten pro Tag zu sich. Nicht jeder hat die Möglichkeit, seine Katzen derart häufig zu Tisch zu bitten – und so ist eine Fütterung von zwei bis drei Mahlzeiten pro Tag die Regel in den meisten Haushalten geworden. Mehrere, über

Gut befreundeten Katzen scheint es nichts auszumachen, gemeinsam aus einem Napf zu fressen. Wachsame Beobachtung ist jedoch notwendig, und wenn eine der Katzen nicht mehr in Ruhe fressen kann, sollte die Fütterungsroutine verändert werden. (Foto: Shutterstock.de/saiko3p)

die Wohnung verteilte Futterspender erscheinen hier als eine gute Option, den Katzen jederzeit Zugang zu gewähren. Leider haben die handelsüblichen Spendersysteme mehrere Nachteile. Katzen fressen auch, wenn sie nicht hungrig sind – eine jederzeit verfügbare Nahrungsquelle sorgt so in der Regel zwar für kleine, dafür aber auch mehr Mahlzeiten, als eine Hauskatze zum Gesundbleiben benötigen würde. Dazu kommt, dass der Großteil der Systeme mit Trockenfutter gefüllt werden muss. Angesichts der Tatsache, dass die natürliche Nahrung unserer Katzen, das Beutetier, aus etwa 80 Prozent Feuchtigkeit und maximal 5 Prozent pflanzlichen Stoffen besteht, sind Zweifel erlaubt, ob Trockenfutter auf Dauer eine gute Alternative ist.

Futterspender bedeuten also zwar weniger Stress für uns und für die Katzengruppe, sind aus ernährungsphysiologischer Sicht aber nicht die beste Wahl. Besser geeignet sind interaktive Fütterungsspiele, die nur mit wenigen Trockenfutterkroketten oder auch mit kleinen Fleischbrocken ausgestattet werden und den Katzen die Möglichkeit geben, sich eine Belohnung zu „erarbeiten". Doch auch dies kann in einem Haushalt mit mehreren Stubentigern zu Schwierigkeiten führen: Allzu oft rollt eine Katze fleißig den Ball, während Nummer zwei ihr die Leckerchen vor der Nase wegschnappt. Die Lösung liegt meistens im Kauf von genügend (identischen) interaktiven Futterspendern: Viele Katzen sind so darauf fixiert, endlich eine der schmackhaften

Belohnungen aus ihrem Ball zu erhaschen, dass sie ihre Mitkatzen und deren Futterkroketten ganz aus den Augen verlieren. Doch auch hier gibt es Ausnahmen ...

Aufwendiger, dafür aber in jeder Hinsicht gesünder ist die individuelle Fütterung jeder einzelnen Katze. Keine Sorge: Sie müssen nicht jede Ihrer Fellnasen zur Fütterungszeit in ein eigenes Zimmer locken und die Tür fest verschließen, bis Sie alle Futterschalen mit einer eigenen Futterzusammensetzung und -menge vorbereitet haben und fertig zum Servieren sind. Bei einer hinsichtlich Gesundheit und Verhalten unproblematischen Gruppe reicht es, wenn jeder Katze ihr eigener Futternapf zugeordnet und an einem eigenen Fressplatz aufgestellt wird. Die Futternäpfe nicht miteinander vertrauter Katzen können einfach weiter voneinander entfernt platziert werden als die befreundeter Tiere. Besonders ängstliche oder auf Spezialfutter angewiesene Katzen erhalten ihre Mahlzeit vielleicht am anderen Ende des Zimmers oder in einem separaten Raum. Darüber hinaus können feste Futterzeiten hervorragend dazu genutzt werden, neue Katzen in die Gruppe der Vierbeiner zu integrieren. Bei der individuellen Fütterung ist aber auch vor allem eines gefragt: Konsequenz. Betteln außerhalb der Fütterungszeiten? Keine Chance – gleiches Recht für alle!

Bei der Auswahl des richtigen Futterplatzes sollte nicht nur die Interaktion der Katzengruppe beachtet werden. Unruhe geht nicht nur von Mitkatzen aus, sondern auch von Menschen, Gegenständen, Geräuschen und Gerüchen. Der ideale Futterplatz für unsere Katzen sollte sich an einer möglichst ruhigen Stelle befinden. Während ihrer Mahlzeit sollten die Stubentiger nicht gestört werden. Robusteren Naturen vergeht der Appetit zwar auch in einem zugigen Durchgangszimmer nicht. Sollte eine ihrer Katzen aber zu hastigem Fressen neigen, immer wieder ängstlich aufschauen oder sogar mit dem Wegtragen der Mahlzeit und dem Hinunterschlingen an einem anderen Ort beginnen, sind dies wichtige Warnsignale. Besonders sensible Katzen mit schlechten Erfahrungen gegenüber Menschen und anderen Tieren bevorzugen vielleicht sogar einen Fressplatz unter dem Sofa ... Solange es machbar ist, kann das Anbieten eines derart sicheren Ortes durchaus dazu führen, dass die Problemkatze beginnt, Ihnen und der neuen Umgebung zu vertrauen.

Die Katzentoilette – ein wahrhaft stilles Örtchen

Die Katzentoilette ist definitiv der unbeliebteste Einrichtungsgegenstand im Katzenhaushalt. Sie stinkt und ist unschön anzuschauen, die Streu zerkratzt das Parkett – also Haube drüber und ab damit in den Abstellraum! Eine perfekte Lösung für alle? Leider nicht.

Was schon für die Fütterung gilt, verstärkt sich beim Besuch der Katzentoilette: Um in Ruhe Harn und Kot abzusetzen, benötigt die Katze absolute Ruhe vor Mitkatzen und Menschen.

In vielen Haushalten mit mehreren Katzen ergibt sich dabei ein ganz besonderes Problem: Das typische Scharren in der Katzentoilette lockt so manchen Artgenossen an. Und wer mag es schon, beim Geschäft gestört zu werden oder auf seinen gerade verscharrten Hinterlassenschaften sitzen bleiben zu müssen, bis die in der Situation dominante Katze den Weg freigibt? In Ruhe den natürlichen Bedürfnissen nachgehen, putzen und Katzenstreu zwischen den Zehen herausknabbern – Fehlanzeige! Das für Menschen unattraktive Katzenklo wirkt so auch auf die Katze mehr und mehr abstoßend. Katzentoiletten mit Haube haben den Nachteil, dass sie nur einen einzigen Weg hinein und auch wieder hinaus bieten. Offene Modelle bieten zumindest Fluchtwege in mehrere Richtungen.

Bei Unsauberkeit sollte auch ein Wechsel der Streu in Erwägung gezogen werden – manche Katzen weigern sich schlichtweg, eine bestimmte Streu zu benutzen. (Foto: Shutterstock.de/raddmilla)

DIE PERFEKTE KATZENTOILETTE

- Jederzeit zugänglich – und bei plötzlichen Fluchtversuchen auch jederzeit wieder zu verlassen!
- Offene Modelle bevorzugen. Hauben begrenzen die Sicht nach draußen und laden andere Katzen dazu ein, den Fluchtweg per „Sitzblockade" abzuschneiden.
- Ruhiger Standort: Katzen sind nicht nur Räuber, sondern auch Opfer.
- Die Hinterlassenschaften von Mitkatzen machen die Katzentoilette unattraktiv und halten vom regelmäßigen Besuch ab.
- Viele Katzen zeigen eine klare Vorliebe für eine bestimmte Streutextur. Das Wechseln der Streusorte kann bei unsauberen Katzen Teil der Therapie sein!
- Anzahl: Zahl der Katzen plus eins.

Ein weiterer Punkt sollte selbstverständlich sein: die Sauberkeit. In vielen Mehrkatzenhaushalten ist die Katzentoilette genau einmal am Tag wirklich sauber, und zwar direkt nach der Reinigung. Viele Vierbeiner reagieren schon empfindlich bei einer einzigen feuchten Stelle, andere streiken, wenn sie nicht mehr in Ruhe scharren können, ohne die Hinterlassenschaften ihrer Mitkatzen zu berühren. Mehrmals täglich reinigen ist also Pflicht.

Pro Katze ein Klo plus eines extra – diese Faustformel hat sich bewährt. Denn keine dominante Katze kann an allen Orten gleichzeitig sein, sodass auch ängstliche Katzen jederzeit Zugang zur Toilette haben. Als nette Begleiterscheinung können Sie gezielt auf bestimmte Vorlieben einzelner Katzen an eine bestimmte Streu eingehen. Katzenpfoten sind empfindliche Sinnesorgane, gerade das Betreten grober Streu wird von manchen Katzen als unangenehm empfunden. Bei unsauberen Katzen kann der Wechsel der Streusorte oft Wunder bewirken!

Drei Katzentoiletten für zwei Katzen, vier für drei, fünf für vier, sechs für fünf Stubentiger und so weiter – diese sicherlich optimierte Zahl hängt auch vom Verhältnis Ihrer Stubentiger zueinander, der Sozialisierung und den Vorlieben für verschiedene Streusorten ab. Freigänger haben die Möglichkeit, draußen ihr Geschäft zu verrichten, während Wohnungskatzen nur die Örtchen nutzen können, die ihnen angeboten werden. Auch hier gilt: Wenn sich Ihre zwei Katzen bisher erfolgreich zwei Katzentoiletten geteilt haben und es nie Probleme gab, besteht kein Grund zur sofortigen Änderung. Kommt es hingegen zu einem klaren Kommunikationsproblem zwischen diesen Katzen oder gar zu einer offensichtlichen Verhaltensstörung wie zum Beispiel der Unsauberkeit, sollte das Aufstellen weiterer Katzentoiletten der erste Schritt sein.

Kratzmöglichkeiten

Wir haben bereits erfahren, dass Katzen nicht nur kratzen, um ihre Krallen zu pflegen. Die entstehenden Kratzspuren haben auch eine soziale Komponente, sie dienen gleichzeitig als optisches und akustisches Signal, und über die weichen Pfotenballen wird zudem ein Geruchsstoff (Pheromon) verteilt. Katzen, die kratzen, zeigen, dass Sie sich wohlfühlen – und sie stecken ihr Revier ab.

Einmal genutzte Kratzstellen werden in der Regel in kurzen Abständen erneuert. Entsprechend schwer ist es, einer Katze, die sich am Sofa oder Tisch zu schaffen gemacht hat, dies wieder abzugewöhnen. Deshalb sollte von Beginn an auf ausreichende Kratzmöglichkeiten Wert gelegt werden, wobei es nicht immer ein deckenhoher Kratzbaum sein muss. Gerade wenn Sie mit mehreren Stubentigern zusammenleben, sind mehrere kleine, an verschiedenen Stellen angebrachte Kratzstellen sehr viel effektiver. Auch horizontal angebrachte oder auf dem Boden liegende Möglichkeiten werden gern genutzt.

Verschiedene Katzen bevorzugen verschiedene Oberflächen, sie lieben vielleicht nicht unbedingt harten Sisal, sondern eher weichen, flauschigen Teppich. Generell wichtig ist allerdings: Katzen kratzen nur ungern an und auf wackeligen Gegenständen. Alle Kratzangebote sollten deshalb fest installiert oder standfest sein. Damit die Katze sich strecken kann, sind entsprechend lange Bretter und Rollen nötig.

Hat sich Ihre Katze bereits an Möbeln, Wänden oder Boden zu schaffen gemacht, hilft nur eines: Bieten Sie ihr katzengerechte Kratzstellen und machen Sie die lieb gewonnenen Orte unattraktiv. Dies kann durch Klebeband oder Alufolie geschehen. Schimpfen oder Wasserpistole sind nicht die Mittel der Wahl, da die Katze immer unbeobachtete Momente finden wird. Zusätzlich können Sie die neuen Kratzmöbel mit Katzenminze attraktiv gestalten.

Viele Stubentiger sind begeistert, wenn die Kratzmöglichkeiten gleich mit einem hohen Aussichtsplatz kombiniert werden. Begabte Handwerker können eigene kreative Lösungen für den Katzenhaushalt fertigen. Doch bereits ein einfaches Regalbrett aus dem Baumarkt ist, mit Sisalteppich umwickelt und an einer wenig genutzten Wand angebracht, eine tolle Kratzmöglichkeit, die zum Klettern, Verweilen, Entspannen und Beobachten einlädt. Wer keine freie Wand zur Verfügung hat, kann ein derartiges System auch hoch über den Köpfen kurz unter der Decke anbringen: Ein sogenannter „Catwalk" bietet Katzen wunderbare Aussichtsmöglichkeiten, ohne den Menschen zu stören.

Hilfsmittel der besonderen Art

Um eine neue Kratzstelle attraktiv zu machen, aber auch allgemein für eine entspannte Stimmung im Mehrkatzenhaushalt empfehlen viele Tierärzte synthetisch hergestellte „Wohlfühlhormone", die Pheromone. Sie entsprechen dem Gesichtshormon der Katze, das beim „Köpfchengeben" oder Reiben an Zimmerecken abgegeben wird. Pheromone werden seit den 1990er-Jahren erfolgreich eingesetzt, um Katzen bei veränderten Lebenssituationen und medizinischen Behandlungen zu unterstützen oder das Leben im Mehrkatzenhaushalt zu entspannen. Bisher gibt es keine bekannten Nebenwirkungen dieser Substanzen und sie sind frei verkäuflich. Gute Wirkungen sind besonders beim Harn- und Kratzmarkieren bekannt, außerdem können Pheromone entspannend auf besonders ängstliche Katzen wirken.

Alternativ können auch andere natürliche Duftstoffe helfen. Besonders bekannt und bei Katzen beliebt ist Katzenminze, die in Spielzeuge eingenäht wird und mittlerweile auch als Spray

Beim „Köpfchengeben" sorgen Pheromone für ein Glücksgefühl bei Katzen. (Foto: Shutterstock.de/Alan49)

zur gezielten Anwendung ohne Kräuterkrümel verfügbar ist. Viele Katzen reagieren geradezu ekstatisch auf Katzenminze, andere ignorieren sie völlig. Gehören Ihre Katzen zur ersten Gruppe, kann Katzenminze gezielt eingesetzt werden, um die Attraktivität von Kratzmöglichkeiten, Liege- und Ruheplätzen oder Spielzeugen zu steigern. Doch Vorsicht: Weniger ist hier mehr. Konfrontieren Sie Ihre Katze an jeder Ecke mit dem gut riechenden Kraut, wird es irgendwann seine Wirkung auf Ihren Vierbeiner verlieren. Setzen Sie Katzenminze darum nur durchdacht ein, zum Beispiel zur Gewöhnung an einen neuen Kratzbaum. Getrocknete Katzenminze können Sie leicht selbst herstellen, denn die Pflanzen sind in fast jedem Pflanzenhandel erhältlich und bieten vor allem in einem großen Blumentopf mit Katzengras frischen Knabberspaß. Die Pflanze macht sich auch im Garten gut, bereitet Bienen Freude und sorgt für regelmäßigen Nachschub an getrocknete Kräutern zum Spielen.

Nicht ganz so attraktiv erscheint uns Menschen getrockneter Baldrian. Das nach Schweißfüßen riechende Kraut hat allerdings einen Vorteil: Baldrian wird nicht annähernd so oft eingesetzt wie Katzenminze, die meisten Katzen sind hier noch nicht durch Kontakt mit behandelten Spielzeugen abgestumpft. Baldrian hat eine ähnliche Wirkung wie Katzenminze, durch seinen recht unangenehmen Geruch eignet er sich aber nur zur temporären und örtlich begrenzten Anwendung, zum Beispiel in Form eines großen Kampf- und Spielkissens zum „Dampfablassen".

Bitte greifen Sie keinesfalls auf ätherische Öle zurück! Die konzentrierten Stoffe mögen gut und intensiv riechen, doch die in ihnen enthaltenen

Viele Katzen lieben Katzenminze. Bei ihnen kann die Pflanze gezielt eingesetzt werden, um zum Beispiel die Attraktivität von Kratzstellen zu steigern.(Foto: Shutterstock.de/itakefotos4u)

Bei ernsthaften Problemen sollte ein Fachmann zurate gezogen werden. (Foto: Shutterstock.de/Maria Sbytova)

Terpene und Phenole können nicht ausreichend vom Katzenkörper abgebaut werden. Es besteht Vergiftungsgefahr!

Hilfe von außen

Ernsthafte Verhaltensstörungen sollten nie im Alleingang therapiert werden – das gilt bei der Haltung einer einzelnen Katze genauso wie bei der einer größeren Katzengruppe. Während sich kleine Streitigkeiten und eine Fehlorganisation im Haushalt oft mit ein wenig Tüftelei identifizieren und lösen lassen, sollte auf professionelle Hilfe zugegriffen werden, sobald sich das Problem verfestigt. In der Regel ist das der Fall, wenn

- kleinere Streitigkeiten zwischen zwei Katzen auf den Rest der Katzengruppe übergreifen,
- mindestens eine der Katzen ein Aggressionsproblem entwickelt, eventuell auch gegenüber dem Menschen,
- sich weitere Verhaltensauffälligkeiten äußern – zur Unsauberkeit kommt vielleicht ein Kahllecken ganzer Fellbereiche,
- Sie medizinische Symptome und gesundheitliche Probleme beobachten,
- eine Katze das Krankheitsbild der Depression (siehe Seite 36) zeigt.

Zum Glück steht Katzenfreunden eine große Auswahl an Fachleuten vom Tierarzt über den Naturheilkundler bis zum Tierverhaltenstherapeuten zur Verfügung.

Katze auf der Couch: Tierverhaltenstherapeuten können helfen, wenn die Katzenseele aus dem Lot geraten ist. (Foto: Shutterstock.de/foaloce)

Wann der Tierarzt helfen kann

Probleme im Mehrkatzenhaushalt sind nicht immer psychischer Natur. Oft steckt ein handfestes gesundheitliches Problem dahinter, bei dessen Diagnose und Behandlung Sie bei Ihrem Haustierarzt gut aufgehoben sind. Bei Bedarf kann er einen Experten empfehlen, denn selbst bei rein körperlichen Beschwerden einer Katze, die sich auf die Harmonie in der Katzengruppe ausgewirkt haben, kann der Rat eines Verhaltensexperten wertvoll sein. Oft haben sich Unsauberkeit, Aggressionen und Markierverhalten schon so verfestigt, dass das Beheben der Ursache allein nicht mehr ausreicht. Die Verhaltensmedizin hat sich mittlerweile zu einem eigenen Bereich der Veterinärmedizin entwickelt. Vergleichbar mit der Psychiatrie in der Humanmedizin ist diese Disziplin vor allem bei Problemen im Mehrkatzenhaushalt hilfreich. Tierärztliche Verhaltensexperten sind geschult in Diagnose und Behandlung von Verhaltensstörungen und psychischen Erkrankungen bei Tieren, sie bringen Tiefenwissen in Sachen Medizin und Katzenverhalten mit und betrachten keines der Probleme isoliert.

Tierverhaltenstherapie

Eine weitere Möglichkeit ist die Zusammenarbeit Ihres Tierarztes mit einem geschulten Tierverhaltenstherapeuten. Doch Augen auf: In Deutschland gibt es keine verbindliche Ausbildungsordnung für sogenannte „Tierpsychologen“ – vom Fernstudiengang bis zum Praxislehrgang ist hier alles möglich. Verlassen Sie sich auf die Empfehlung von Freunden, Verwandten und Fachleuten wie Ihrem Tierarzt. Seriöse Tierverhaltenstherapeuten haben nicht nur Bücher gelesen, sondern können eine entsprechende Praxiserfahrung und Fortbildungen nachweisen. Auch eine bunte Homepage allein macht keinen Tierpsychologen! Klopfen Sie schon beim Erstgespräch ab, wie sich der Therapeut die Zusammenarbeit mit Ihnen und Ihrem Tierarzt vorstellt. Hilfe von tiermedizinischer Seite sollte nie grundsätzlich abgelehnt werden. Zuletzt spielt auch die Chemie zwischen dem Therapeuten, Ihren Katzen und Ihnen eine große Rolle. Wahrscheinlich wird es im Lauf der Gespräche nicht nur um das Verhältnis Ihrer Katzen zueinander, sondern auch um Ihr Verständnis von der Lebensweise Ihrer vierbeinigen Mitbewohner gehen. Vertrauen ist hier die halbe Miete.

Naturheilkunde

Auch bei der Behandlung von Katzen ist die Naturheilkunde auf dem Vormarsch. Bachblütentherapie, Homöopathie, Akupressur, Akupunktur und Traditionelle Chinesische Medizin sind nur ein kleiner Teil des naturheilkundlichen Spektrums. Im Gegensatz zur klassischen Schulmedizin betonen die verschiedenen naturheilkundlichen Disziplinen die Ganzheit von Körper und Seele. Deshalb eignen sie sich sehr gut zur kombinierten Behandlung von gesundheitlichen und psychischen Problemen.

Auch wenn viele naturheilkundliche Medikamente frei verkäuflich sind und Sie das Selbststudium der zahlreichen populärwissenschaftlichen Fachbücher zum Thema reizt, sollten Sie die Gesundheit Ihrer Katzen zunächst unbedingt in die Hände eines Experten legen. Der Glaube daran, dass Homöopathie wirkt, aber keine negativen Effekte hat, ist zwar stark verwurzelt, entbehrt jedoch jeder Grundlage, und gerade bei Verhaltensproblemen kann das in bester Absicht gewählte, aber nicht passende homöopathische Mittel schnell das Gegenteil bewirken.

Die Berufsbezeichnung Tierheilpraktiker ist in Deutschland nicht geschützt; jedermann darf den Beruf ausüben. Wer auf Nummer sicher gehen will, sollte sich an einen Tierarzt wenden, der sich zusätzlich auf alternative Heilmethoden spezialisiert hat. Es gibt aber auch eine ganze Reihe sehr gut ausgebildeter Tierheilpraktiker, die zuvor kein tiermedizinisches Studium absolviert haben. Empfehlungen von anderen Katzenhaltern, aber auch der eigene gesunde Menschenverstand können Ihnen helfen, den richtigen Behandler für Ihre Katzen zu finden.

Viele Katzen reagieren sehr gut auf feinstoffliche Therapien, wie beispielsweise die Homöopathie und die Bachblütentherapie. Bei akuten und schweren gesundheitlichen Problemen sind naturheilkundliche Medikamente allein keine Lösung und sollten nur ergänzend und in Absprache mit dem Tierarzt eingesetzt werden. Meist empfiehlt es sich zudem, alle Katzen einer Gruppe zu behandeln, wobei die einzelnen Tiere für einen optimalen Effekt durchaus sehr unterschiedliche Mittel benötigen.

Wenn der Partner nicht der richtige war

Sie haben alles Machbare versucht, einen Tierarzt und Verhaltensexperten zurate gezogen, Ihre Wohnung noch katzengerechter gestaltet und Ihren kätzischen Mitbewohnern Zeit gegeben, um sich an die neue, verbesserte Situation zu gewöhnen – und dennoch gibt es keine Ruhe im Katzenhaushalt? Die Erkenntnis, dass sich zuerst gering erscheinende Probleme nicht so leicht lösen lassen wie gedacht, sondern statt dessen immer größere Kreise ziehen, ist für vie-

Kommt es trotz aller Bemühungen immer wieder zu Streit, sollte in letzter Instanz über eine dauerhafte Trennung der Katzen nachgedacht werden. (Foto: Shutterstock.de/Petrenko Andriy)

le Katzenhalter ernüchternd. Und es schmerzt, dass die einzelnen Tiere einfach nicht kompatibel zueinander sind. Zwei parallele Katzenhaushalte in einer Wohnung zu schaffen, ist nur in Ausnahmefällen möglich, und so bleibt der Auszug einer oder mehrerer Katzen in solch schwierigen, zum Glück aber auch seltenen Fällen oft die einzige Lösung.

Tun Sie sich selbst und Ihren Katzen nur einen Gefallen: Packen Sie den vermeintlichen Problemfall nicht kurz entschlossen und frustriert in eine Transportbox und bringen ihn ins Tierheim. Einen unbehandelten Verhaltensfall in ein unvorbereitetes Zuhause zu entlassen, wird nicht nur die Katze und ihre neuen Besitzer unglücklich machen, sondern auch Ihr Gewissen belasten.

Möchten oder müssen Sie sich wirklich von einer Ihrer Katzen trennen, sollten Sie die neuen Besitzer gründlich auswählen und über Ihre Gründe, genau diese Katze abzugeben, informieren. Viele vermeintliche Ruhestörer ziehen aus einem Mehrkatzenhaushalt aus und werden in einer anderen Katzengruppe zu traumhaft ruhigen Kuscheltieren. Doch auch das Gegenteil kann der Fall sein. Ein Schicksal als „Wanderpokal" möchten Sie Ihrer Katze sicher ersparen ... Vielleicht kann Ihnen Ihr Tierarzt oder Verhaltenstherapeut auch eine Anlaufstelle für die Suche nach dem neuen Besitzer nennen.

(Foto: Shutterstock.de/Ferenc Szelepcsenyi)

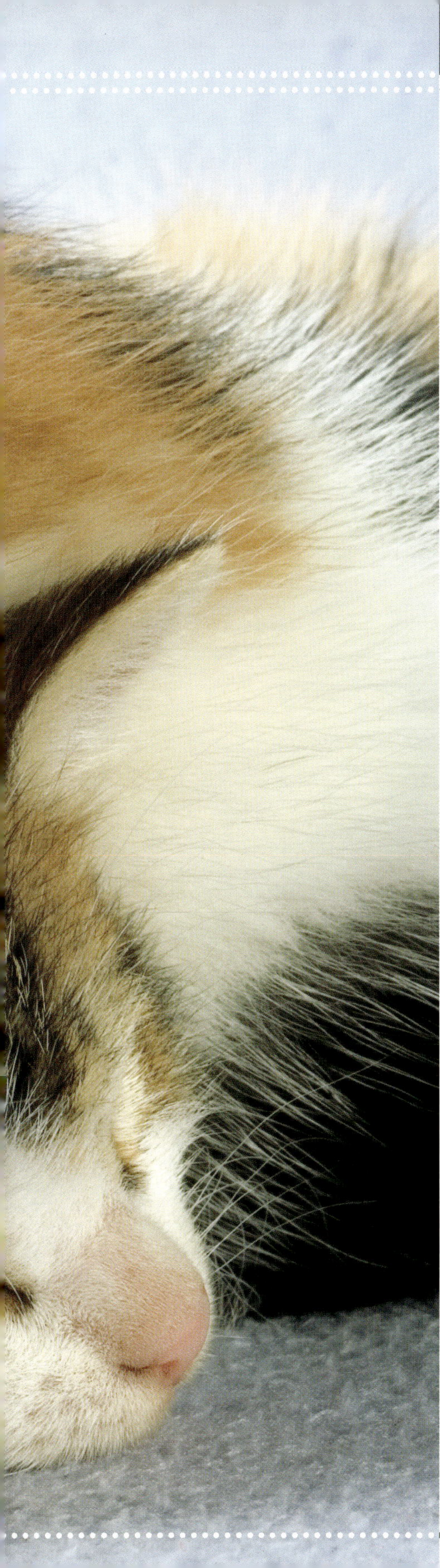

Der gute Start
ins gemeinsame Leben

Am schönsten wäre es natürlich, wenn man sich tagtäglich an einer perfekt harmonierenden Katzengemeinschaft erfreuen könnte. Garantien gibt es nie, denn wie wir gesehen haben, kann nicht nur die falsche Zusammensetzung der Katzenfamilie zu einem Problem werden, sondern auch eine veränderte Lebenssituation oder Krankheit zu Zoff führen. Dennoch erleichtern Sie Ihren Katzen und sich selbst das Leben erheblich, wenn Sie von Anfang an darauf achten, dass Ihre Katzen möglichst gut zueinanderpassen.

Die Entscheidung für eine Zweitkatze

Wir alle haben schon von Fällen gehört, in denen sich Katzen „ihr Zuhause selbst aussuchen" und die verdatterte Familie, die keine oder keine weitere Katze mehr wollte, plötzlich einen Stubentiger (mehr) zu versorgen hat. Doch normalerweise entscheiden Menschen sich bewusst dafür, einer Katze ein Zuhause zu geben, und zwar bevor sie einzieht. Ist schon die Auswahl einer einzigen Katze schwer genug, wird es noch komplizierter, wenn man eine Zweit-, Dritt- oder Viertkatze sucht, die zur eigenen Katze oder Katzengruppe passen sollte.

Mehr Katzen – mehr Arbeit?

Der Zeitbedarf für eine einzige Katze ist schwer zu kalkulieren und hängt vom Charakter der Mieze, den zur Verfügung stehenden Beschäftigungsmöglichkeiten inklusive Freigang und dem Verhältnis zwischen Mensch und Katze ab.

Wie Katz und Maus oder ein Herz und eine Seele – es ist nicht leicht herauszufinden, nach welchen Kriterien Katzen Sympathie füreinander entwickeln. (Foto: Shutterstock.de/Aspen Photo)

Eine größere Katzengruppe benötigt nicht unbedingt viel mehr Zeit, Ausnahmen bestätigen aber die Regel. Sie werden zwar mehr Katzentoiletten und Futternäpfe säubern, beim Futtereinkauf ist die Menge aber nicht entscheidend für die Zeit, die Sie im Futterladen verbringen.

Haben Sie sich bisher eine halbe Stunde pro Tag bewusst mit Ihrer Katze beschäftigt, sollten Sie dies auch nach dem Einzug eines weiteren Tiers nicht vernachlässigen. Mit Spielangeln und Intelligenzspielzeugen können Sie mit mehreren Katzen gleichzeitig spielen, und je nachdem, wie das Verhältnis der Stubentiger zueinander ist, schmusen viele Katzen auch „parallel". Kalkulieren Sie bitte dennoch genügend Raum und Zeit ein, um sich mit jeder Katze einzeln zu beschäftigen und gezielt auf ihre Bedürfnisse und Vorlieben einzugehen.

In finanzieller Hinsicht ist nicht mit großen Rabatten bei mehreren Katzen zu rechnen. Allein größere Futterpackungen sind etwas günstiger als kleine Einzelportionen – doch das nützt Ihnen nur, wenn Ihre Fellnasen mitspielen und bereit sind, das gleiche Futter zu fressen. Tierärzte geben nur selten Mengenrabatt, sodass für jede Katze die gleichen Kosten für Vorsorge und Behandlung einkalkuliert werden müssen.

Katzen, die ähnliche Vorstellungen von einem gemütlichen Leben haben, vertragen sich meistens besser als ganz unterschiedliche Charaktere. (Foto: Shutterstock.de/karamysh)

Die Wahl des richtigen Artgenossen

Haben Sie sich dafür entschieden, einer weiteren Mieze ein Zuhause zu geben, geht es an die Suche nach dem optimalen Mitbewohner für Ihre Katzen-WG. „Gleich und Gleich gesellt sich gern" ist ein Spruch, der für viele Stubentiger gilt – zumindest, sofern es sich um emotional stabile und gut sozialisierte Katzen handelt. Zwei schlecht sozialisierte Tiere werden miteinander in der Regel nicht glücklich, genauso wenig werden zwei verhaltensauffällige Katzen keine gute Basis für eine stabile Katzengemeinschaft sein. Stellt Ihre Jungkatze die Wohnung auf den Kopf, können Sie vergeblich darauf hoffen, dass eine ältere, gesetzte Katze ihr Benehmen beibringt – viel wahrscheinlicher ist es, dass die lebhaftere Katze ihren Heimvorteil gegenüber der ruhigeren Katze durchsetzen wird und Ihre Bemühungen mit einer nach wie vor agilen, jetzt aber noch dominanteren oder vielleicht sogar aufgrund des Eindringlings aggressiveren Katze sowie einer verschüchterten Neukatze quittiert werden.

Jung oder doch schon älter?

Junge Katzen sind lebhaft, sie möchten beschäftigt werden und sind schnell gelangweilt.

Freundschaften gibt es natürlich auch zwischen Katzen unterschiedlicher Rassen. (Foto: Shutterstock.de/Meelis Endla)

Da Jungkatzen zwar schon einen festen Charakter zeigen, aber ansonsten im sozialen Sinne flexibler sind als ältere Tiere, ist die Zusammenführung mit weiteren Katzen in der Regel leichter als bei älteren Tieren. Haben Sie sich nicht von vornherein dazu entschieden, gleich zwei Katzen ein Zuhause zu geben, ist es oft besser, einen weiteren Jungspund zur schon heimischen Jungkatze ziehen zu lassen, als zu hoffen, dass ein Oldie Ruhe in den Haushalt bringt.

Ähnliches gilt für die Suche eines Lebenspartners für Ihre ältere Katze. Eine ruhige, gesetzte Mieze wird sich sehr viel schneller mit dem Zuzug einer Katze mit ähnlichem Charakter anfreunden können als mit einem aufgedrehten Kitten. Falls Sie darüber nachdenken, Ihrer alten Katze einen Partner für den Lebensabend zu suchen, beachten Sie vor allem eines: Katzen sind Gewohnheitstiere und Routine ist im Alter besonders wichtig. Hat Ihr Stubentiger 10 oder 15 Jahre allein verbracht, bringt eine weitere, eventuell auch noch junge Katze den gewohnten Tagesablauf ganz und gar durcheinander und löst oft mehr Stress als Freude aus.

Auf der Suche nach einem dritten Mitglied für eine altersmäßig ungleiche Zweierwohngemeinschaft sollten Sie das bestehende System genau beobachten. Welches Szenario verspricht mehr Erfolg: Der Zuzug eines weiteren Kittens für die Jungkatze oder der eines weiteren Seniors?

Geteiltes Leid ist nicht immer halbes Leid: Zwei genervte Senioren sollten nicht das Ergebnis des Neuzugangs sein, genauso wenig wie zwei nervige Kitten. Bei dieser Frage kann es sich anbieten, einen Verhaltensexperten um Rat zu bitten, bevor man die Entscheidung trifft.

Die Rassefrage

Bei der Entscheidung für eine weitere Katze sollte man sich keinesfalls nach optischen Kriterien richten. Dennoch gibt es gute Gründe, einem Katzentyp treu zu bleiben. Jede Katzenrasse lässt sich einem bestimmten Grundtyp zuordnen, der weit über die rein äußerliche Erscheinung hinausgeht. In seriösen Zuchten wird nämlich nicht nur auf einen rassetypischen Phänotyp geachtet, sondern auch auf ein der Zuchtordnung entsprechendes Wesen.

Die durchschnittliche, keiner Rasse zugehörige Hauskatze musste zwar nie einer Zuchtordnung entsprechen, aber auch hier lässt sich je nach Rassezugehörigkeit ihrer Vorfahren ein gewisser Grundtyp erkennen. So sind langhaarige, im Persertyp stehende Katzen oft eher ruhig und sanft, während hochgewachsene und schlanke Siamkatzen sich sehr aufgeweckt und mitteilsam zeigen. Ausnahmen bestätigen die Regel.

Das Zusammenleben von charakterlich ähnlichen Katzen verläuft in der Regel problemloser als das von völlig gegensätzlichen Naturen: Zwei ruhige Fellnasen werden mit größerer Wahrscheinlichkeit glücklich miteinander werden, während eine aktive, im Siamkatzentyp stehende Katze vermutlich gelangweilt von einem ruhigen Perser sein wird, der mit dem nervösen Mitbewohner so gar nichts anfangen kann.

Bei einer schon bestehenden Multikulti-Katzengruppe steht wiederum der Zweck des Neuzugangs im Fokus: Möchten Sie Ruhe in die Katzengruppe bringen oder suchen Sie einen Spielgenossen für eine bestimmte Katze? Im ersten Fall hilft die Suche nach einem ruhigen, aber nicht zu introvertierten oder gar ängstlichen Katzentyp, während im letzteren der Grundsatz „Gleich und Gleich gesellt sich gern" gilt.

Geschwisterkatzen

Geschwisterkatzen gelten als besonders harmonisch. Das hat mehrere Gründe: Geschwister entsprechen in der Regel nicht nur einem ähnlichen Grundtyp und weisen aufgrund ihres Alters ein ähnliches Temperament auf, sie sind auch unter gleichen Bedingungen aufgewachsen und haben ähnliche Erfahrungen mit Menschen und Katzen gemacht. Zudem kann eine vertraute Katze an der Seite den Umzug in eine neue Umgebung sehr viel stressfreier für ein Jungtier machen. Alle diese Punkte gelten aber nur beim gemeinsamen Einzug in ein neues Heim.

Entscheiden Sie sich im Nachhinein dafür, einer Schwester oder einem Cousin Ihrer Katze ein Zuhause zu geben, sollten Sie bedenken, dass sich beide Tiere völlig fremd sind. Die Rassefrage macht die Zusammenführung einfacher, ansonsten gibt es aber keine Garantie dafür, dass die jüngere Katze unter ähnlichen Bedingungen aufgewachsen ist wie die ältere, dass sie genauso gut (oder schlecht) sozialisiert ist und dass sie ähnliche Charakterzüge wie Ihre Erstkatze zeigt. Halten Sie deshalb die Augen auf, beschäftigen

FAMILIENBANDE

Jungkatzen eines einzigen Wurfs können von verschiedenen Vätern stammen! Wundern Sie sich nicht, wenn sich die Kitten äußerlich kaum ähneln und sich auch charakterlich unterscheiden. Wählen Sie ein harmonisches Paar und lassen Sie es nicht nur auf die Familienbande ankommen!

Geschwisterkatzen passen oft gut zusammen, da sie meist unter gleichen Bedingungen aufwachsen. (Foto: Shutterstock.de/Zemler)

Sie sich eingehend mit der Katze und führen Sie intensive Gespräche mit dem Züchter oder aktuellen Halter.

Kastriert – oder doch nicht?

Dass ein Katzenpärchen nicht ohne Kastration oder Sterilisation zusammengeführt werden sollte, ist für verantwortungsvolle Katzenfreunde selbstverständlich. Ein einziges unkastriertes Katzenpaar kann innerhalb nur eines Jahres zwölf Nachkommen zeugen. Werden diese wiederum nicht kastriert und vermehren sich weiter, sind wir rein rechnerisch nach zwei Jahren bei 66 Nachkommen und nach sieben Jahren bei 63 000 Katzen ... Auch wenn diese Zahlen theoretisch sind, sollten sie verdeutlichen, dass es auch bei der Haltung von Katzen nicht ohne Familienplanung geht.

Eine Kastration hat noch andere Vorteile: Kastrierte Kater neigen in der Regel zu weniger Harnmarkierungen als unkastrierte Kater. Eine nachträgliche Kastration verspricht allerdings leider nicht immer Besserung bei notorischen Harnmarkierern, während eine rechtzeitige Operation das Risiko zuverlässig reduziert. Generell gibt es gute Gründe für eine Frühkastration vor Eintritt der Geschlechtsreife, also mit ungefähr vier bis sechs Monaten. Eine unerwünschte Trächtigkeit wird so sicher und zuverlässig vermieden, was gerade bei Freigängern oder Tieren, die Kontakt zu eventuell potenten Artgenossen haben, sicherer ist. Langzeituntersuchungen haben gezeigt, dass der Eingriff bei jüngeren Katzen unkomplizierter verläuft, negative Begleiterscheinungen wie zum Beispiel eine verminderte Körpergröße bei Katern konnten nicht festgestellt werden. Früh kastrierte Kater waren zudem sehr viel friedfertiger als ihre später kastrierten Artgenossen, was besonders im Mehrkatzenhaushalt wichtig ist. Eine später erfolgte Kastration ist nicht nur eine körperliche und psychische Herausforderung für das betroffene Tier, sie bringt auch das Gleichgewicht in der bestehenden Katzengruppe durcheinander.

Todesfall – was nun?

Katzen sind hochemotionale Wesen, und genau wie wir Menschen sind sie fähig, um ein gestorbenes Familienmitglied zu trauern. Oft geht es so weit, dass die hinterbliebene Katze das Futter verweigert und alle Anzeichen einer Depression zeigt. Ihr durch den Zuzug einer neuen Katze wieder Lebensmut und Abwechslung zu geben, erscheint oft sinnvoll.

Beachten Sie dabei aber bitte: Geben Sie der Katze Zeit zum Trauern, bevor Sie den vielleicht noch so perfekten neuen Mitbewohner ins Haus holen. Gerade in einer emotional belastenden Situation wie nach dem Tod des vertrauten Artgenossen braucht das Gewohnheitstier Katze vor allem eins: die gewohnte Routine. Erst dann wird sie bereit sein für die vielleicht stressige Phase der Zusammenführung. Freundschaften lassen

KASTRATIONSPFLICHT GIBT ES SO ETWAS?

In Deutschland gibt es bisher noch keine bundesweite Kastrationspflicht, wie von vielen Tierschutzvereinen gefordert. Einzelne Städte haben allerdings bisher (Stand: Juni 2013) Verordnungen erlassen. Katzenhalter, die ihrer geschlechtsreifen Katze Freigang gewähren, müssen sie zuvor kastrieren und mittels Tätowierung oder Mikrochip kennzeichnen lassen. Für die Zucht von Rassekatzen gibt es auf Antrag Ausnahmen von der Kastrationspflicht, allerdings muss hier die Kontrolle und Versorgung der Nachzucht glaubhaft dargelegt werden.

Stirbt ein vertrauter kätzischer Mitbewohner, sollte der hinterbliebenen Katze Zeit zum Trauern gegeben werden. (Foto: Shutterstock.de/taviphoto)

sich auch in der Katzenwelt nicht beliebig ersetzen, egal wie gut Sie den neuen Lebenspartner auswählen und das erste Zusammentreffen organisieren.

Oder doch gar keine?

Sosehr wir uns eine weitere Katze in unserem Haushalt wünschen, nicht immer ist der richtige Zeitpunkt dazu. Vielleicht würden in der momentanen Lebenssituation Sie, aber nicht unbedingt Ihre Katze oder die bestehende Katzengruppe von einem Neuzugang profitieren. In diesem Fall sollten Sie das Wohl Ihrer Tiere über Ihren eigenen Wunsch nach einer weiteren Katze stellen – vielleicht sieht die Situation schon in wenigen Wochen oder Monaten ganz anders aus.

Praktischer Leitfaden Katzenfreundschaft

Alle Theorie ist grau. Sie haben sich entschieden, eine weitere Katze einziehen zu lassen – vielleicht ist es die zweite, dritte oder vierte Katze, vielleicht eröffnen Sie Ihren Katzenhaushalt auch gleich mit zwei einander noch fremden Tieren. Doch wie gewöhnt man die Tiere aneinander? Was ist normal, was nicht?

Zunächst einmal unterscheidet sich artgerechter Mehrkatzenhaushalt nicht großartig von einem artgerechten Einzelkatzenhaushalt – er bietet alles nur in x-facher Ausführung. Wie wir im letzten Kapitel gesehen haben, sind ausreichende Ressourcen der Schlüssel zu einer har-

Genügend Ressourcen für jeden sind die Basis eines funktionierenden Mehrkatzenhaushalts. (Foto: Shutterstock.de/mir)

monischen Katzengemeinschaft. Das geht über die reine Quadratmeterzahl Ihrer Wohnung hinaus; es zeigt sich vielmehr besonders bei genügend Kratz- und Rückzugsmöglichkeiten und mehreren gut platzierten Katzentoiletten. Fehler in der Umgebungsplanung können Ursache für viele Probleme bei der Haltung mehrerer Katzen sein – versuchen Sie deshalb, diese von vornherein durch eine durchdachte Planung zu vermeiden. Tipps und Tricks hierzu finden Sie auch auf den Seiten 38 bis 45.

Jetzt ist es endlich so weit – die neue Katze, die Sie mit Sorgfalt ausgesucht haben, zieht ein! Dass der erste Eindruck am längsten währt, gilt auch beim Erstkontakt zwischen Katzen. Mit einer gut organisierten Zusammenführung erleichtern Sie der neuen Katze das Einfinden in die neue Umgebung.

Haben Sie die Katzen frühzeitig per Fernbotschaft miteinander bekannt gemacht, kann dies der ersten Begegnung einiges an Streitpotenzial nehmen. Hierzu können Sie Ihrer Katzengruppe schon einige Tage vor Einzug des Neuankömmlings die Lieblingsdecke oder das Lieblingsspielzeug eben dieser Katze präsentieren und andersherum. Katzen reagieren sehr sensibel auf Gerüche – ist der Geruch der neuen Katze schon in die eigene Geruchswelt Ihres Haushalts integriert, macht es dies nicht nur für die heimischen Katzen, sondern auch für den Neuzugang einfacher.

Für den eigentlichen Erstkontakt gibt es verschiedene Szenarien. Es ist sehr hilfreich, einen abschließbaren Raum für den Notfall vorzusehen und ihn mit einer eigenen Katzentoilette, einer Kratzmöglichkeit, Spielraum und eventuell sogar mit Gegenständen, die der neuen Katze bereits vertraut sind, auszustatten.

Der Erstkontakt

Sehen Sie die Situation durch die Augen Ihrer Katzen: Der heimische Stubentiger wird mit einem Eindringling in sein Revier konfrontiert, beim Neuankömmling sorgen eine völlig neue Umgebung, unbekannte Menschen und der kätzische Revierinhaber für Unsicherheit. Sie sollten darum auf jeden Fall vermeiden, eine der Katzen zu überrumpeln oder zu bedrängen. Auch aktives Festhalten einer oder beider Katzen führt nicht zu Erfolg, sondern stattdessen zu Unsicherheit, Aggressionen und im schlimmsten Fall zu Verletzungen bei den Beteiligten.

Gut sozialisierte und psychisch gesunde Katzen haben in den meisten Fällen keinerlei Probleme damit, sprichwörtlich ins kalte Wasser geworfen zu werden. Stellen Sie den Transportkorb in einen offenen Raum mit genügend

Lassen Sie den Katzen beim ersten Kontakt Zeit und greifen Sie nicht aktiv ins Geschehen ein, sofern alles friedlich abläuft. (Foto: Shutterstock.de/Raulin)

Flucht- und Rückzugsmöglichkeiten, öffnen Sie die Tür und schauen Sie, was passiert. Sie sollten in jedem Fall vermeiden, dass die neue Katze von ihren Artgenossen im eigenen Korb gefangen genommen wird; in der Regel wird sich der Neuankömmling aber ins Freie trauen, bevor die anderen Katzen ihre Scheu vor dem Transportkorb verloren haben.

Je nach Erfahrung und Charakter der einzelnen Katzen kann es zu einem freundlichen Beriechen oder völligem Ignorieren kommen. Das eine oder andere Fauchen oder eine warnend erhobene Pfote gehören durchaus dazu, genauso ein aufgeregt buschiger Schwanz. Ziehen Sie sich zurück, beobachten Sie die Gruppe aus einiger Entfernung und geben Sie den schon bei Ihnen lebenden Katzen die Gelegenheit, den Neuzugang in Ruhe zu beschnüffeln, ohne sich bedrängt zu fühlen. Lassen Sie den Katzen Zeit und greifen Sie nur im Notfall ein.

Bevor es blutig wird

Ein solcher Notfall kann zum Beispiel eintreten, wenn eine der Katzen aggressiv reagiert. In der Regel wird dies die heimische Katze sein, die ihr Territorium gegenüber dem Eindringling verteidigen wird. Fauchen und eine warnende Pfote sind in Ordnung, doch sobald es zu einer direkten körperlichen Konfrontation kommt, ist menschliche Intervention gefragt! Damit Sie nicht in den Brennpunkt der Aggression geraten und vielleicht selbst verletzt werden, kann ein akustisches Signal wie ein lautes Händeklatschen oder ein gerufenes „Nein!" helfen, damit beide Tiere innehalten oder sogar die Flucht antreten. Ein solches Aggressionsverhalten unbekannter Katzen ist in gewissem Maß normal; halten Sie sich also mit Drohungen und Bestrafungen zurück; nehmen Sie die neue Katze auf den Arm und bringen Sie sie in das vorbereitete Zimmer. Eine erneute Konfrontation der Katzen sollte erst einmal vermieden werden; geben Sie allen Beteiligten Zeit und Raum, um sich zu beruhigen, und gestalten Sie den nächsten Kontaktversuch weniger direkt.

Erstkontakt mit Sicherheitspolster

Der Erstkontakt für sensible, ängstliche oder traumatisierte Katzen oder solche, die sich beim ersten Versuch aggressiv gezeigt haben, sollte so weit wie möglich indirekt geschehen; der eigentliche Erstkontakt erfolgt zum Schluss. Die schon beschriebenen Geruchsbotschaften können helfen, die Geruchswelt beider Katzen zu integrieren. Die gleiche Funktion übernimmt ein Tuch, mit der Sie Katze Nummer eins abstreichen können, bevor Sie es Katze Nummer zwei zur Inspektion anbieten oder auf den Schlafplatz legen.

Lassen Sie die neue, ängstliche Katze zuerst in einen eigenen Raum in Ihrem Haushalt einziehen, den Sie wie zuvor beschrieben mit allen katzennotwendigen Utensilien ausgestattet haben. Von hier aus geht es weiter. Künstliche Pheromone können helfen, die Situation zu entspannen – das Gleiche gilt für Bachblüten, die aber bitte nur in Absprache mit Tierarzt oder Tierheilpraktiker verwendet werden sollten.

Hat sich die neue Katze schon an Sie und zumindest einen Teil der neuen Umgebung gewöhnt und ist ihr Geruch Teil der Geruchswelt Ihrer Wohnung, kann der Kontaktversuch erfolgen. Wenn Sie die Tür erstmals zur Futterzeit öffnen, werden beide Tiere voraussichtlich zuerst mit ihrer Mahlzeit beschäftigt sein, bevor sie realisieren, dass die andere Katze die Situation nicht zu ihrem Vorteil genutzt hat. Ein solches Vorgehen verbindet das Kennenlernen gleichzeitig mit einer positiven Erfahrung, in diesem Fall der Fütterung. Sind Ihre Katze und Sie Freunde von Clickertraining, kann auch diese Methode bei der Zusammenführung helfen. Sorgen Sie in jedem Fall für genügend Fluchtwege und seien Sie bereit, die Katzen im Ernstfall zu trennen.

Eine verängstigte Katze erkennen Sie an flach anliegenden Ohren, einem nach unten gesenkten oder eingeklemmten Schwanz sowie eventuell aufgeplustertem Fell. Aggressive Katzen haben ihre Ohren halb nach vorn gespitzt, halb nach hinten gelegt. Der Schwanz peitscht, das Fell wirkt struppig und ist vielleicht sogar vollständig aufgestellt.

Wie viel Nähe muss sein?

Wundern Sie sich nicht, wenn sich die neu zusammengesetzte Katzengruppe nicht vom ersten Tag an friedlich zusammen spielend und gegenseitig putzend zeigt. Die erste gemeinsame Zeit ist schließlich eine völlig neue Situation für alle Beteiligten. Oft dauert es einige Wochen, bis das leichte Fauchen bei einer zufälligen Begegnung abnimmt, alle Katzen über die Phase des Ignorierens hinwegkommen und sich erste Anzeigen für eine echte Freundschaft zeigen. Sie können Ihren Katzen helfen, indem Sie nur im Ernstfall eingreifen und gleichzeitig für genug Ressourcen sorgen: Reinigen Sie die Katzentoiletten regelmäßig, füttern Sie gegebenenfalls getrennt und achten Sie darauf, dass jede Katze über genügend Rückzugsmöglichkeiten verfügt und ihre Kratzspuren an katzengerechten Stellen platzieren kann. Feste Fütterungs- und Spielzeiten können zu einer täglichen Routine werden, um allen Katzen ein positives Erlebnis in Gegenwart der anderen zu geben. Halten Sie aber gleichzeitig nach ersten Problemen Ausschau: Harnmarkieren und eindeutige Angstsymptome sind nicht normal und gehen über erste Unsicherheiten hinaus!

Die Zeichen für eine gut funktionierende Katzengemeinschaft sind vielfältig. Oft ist es nur die Abwesenheit von Knurren und Fauchen sowie das friedliche Fressen nebeneinander, das darauf hindeutet. Einige Katzengruppen zeigen auch inniges Kontaktliegen, gegenseitige Körperpflege und ausgelassenes Spielen. In dem Moment, als Sie das erste Mal über eine weitere Katze nachgedacht haben, hatten Sie wahrscheinlich das Bild zwei miteinander kuschelnder und sich gegenseitig putzender Fellnasen im Kopf. Tatsächlich ist das sogenannte Kontaktliegen ein Zeichen höchster Akzeptanz. Viele Katzen liegen nicht neben-, sondern fast übereinander, sie scheinen mit sich und ihrer Umwelt im Reinen zu sein und sich in die Zeit ihrer Kindheit zurückversetzt zu fühlen. Hier liegt wahrscheinlich auch der Ursprung des Verhaltens.

Auch das gegenseitige Putzen befreundeter erwachsener Katzen ist Zeichen einer tief gehenden Freundschaft und erfolgt nicht unbedingt aus Reinlichkeitsgründen. Vielleicht ist Ihnen aufgefallen, dass einzelne Katzen lieber putzen und andere die gegenseitige Körperpflege regelmäßig mit nach hinten gelegtem Kopf einfordern? Es wäre vorschnell, hier auf ein übertragenes Mutter-Kind-Verhältnis zu schließen – die putzende Katze massiert nämlich oft nicht nur das Fell ihrer Mitkatzen, sondern auch Plüschspielzeuge genüsslich. In jedem Fall trägt ein derartiges Verhalten zu einer Festigung der Katzenfreundschaft bei. Sie können sich glücklich schätzen, wenn Sie derartigen Liebesbekundungen regelmäßig beiwohnen dürfen.

Falls Ihre Katzen nach der Eingewöhnungsphase keinen Ansatz für das beschriebene Geselligkeitsliegen oder das Teilen des Futternapfes zeigen, sollten Sie nicht verzweifeln. Auch die friedlichste Katzengemeinschaft hat nicht immer das Zeug zu einer lebenslangen tiefen Freundschaft. Jede Katze ist anders. Das gilt besonders dann, wenn sich zwei ältere Tiere gefunden haben. Einige Freundschaften blühen erst nach Jahren auf, sind dadurch aber nicht weniger innig.

So eng aneinandergekuschelt schlafen nur Geschwisterkatzen oder wirklich dicke Freunde.
(Foto: Shutterstock.de/infinityyy)

Gemeinsam spielen macht mindestens doppelt so viel Spaß! (Foto: Shutterstock.de/Nailia Schwarz)

Gemeinsames Spielen

Herausforderungen und Spiel gehören zum Katzenleben. Schon Jungkatzen stählen ihre Muskeln und erkunden ihre Grenzen im spielerischen Kampf, um sich auf die Beutejagd vorzubereiten und ihre sozialen Fähigkeiten zu erproben. Doch auch für erwachsene Katzen hat gezielte spielerische Beschäftigung immense Vorteile: Sie bietet nicht nur Spaß und Abwechslung in einer relativ reizarmen Wohnungsumgebung und fördert das Verhältnis zum Menschen, sondern dient auch zum Stressabbau bei Verhaltensproblemen und Streitigkeiten in der Katzengruppe. Dabei eignen sich die meisten Spiele genauso für die Beschäftigung einer Katze wie für die mehrerer Fellnasen.

Sogenannte „Intelligenzspielzeuge", die das eigenständige Denken und Handeln der Katze fordern und fördern, sind besonders beliebt – zum Beispiel die bereits erwähnten Futterbälle und interaktiven Futterspender. Sie müssen übrigens nicht nur auf im Handel erhältliche Versionen zurückgreifen: Selbst gebastelte Papierhütchen, leere Pappkartons und Toilettenpapierrollen eignen sich genauso zum Futtersuchspiel. Mit einem scharfen Messer können Sie kleine Löcher in Karton und Rollen schneiden, durch die das Futter herausgepfötelt werden darf. Ihrer Kreativität sind kaum Grenzen gesetzt, solange Sie beachten, dass die Katze sich an dem Spielzeug nicht verletzen kann.

Doch auch viele andere Spiele mit und für Ihre Katzen eignen sich zur Beschäftigung mehrerer Stubentiger. Egal, ob Sie die Spielangel kreisen lassen oder einen Ball durchs Zimmer rollen: Reagiert eine Katze auf Ihre Versuche, wird auch das schnödeste Spielzeug für die anderen umso attraktiver erscheinen und die Jagd nach einem kleinen Tennisball kann zu einem wahren Wettrennen werden.

Die Dynamik innerhalb der Katzengruppe führt dazu, dass es dominante und zurückhaltende Tiere gibt, und im Sinne der katzentypischen Rangordnung ändert sich die Hierarchie oft, abhängig von Ort und Zeit. Fairness walten zu lassen und sich mit allen Katzen gleichermaßen zu beschäftigen, ist darum nicht immer leicht – besonders dann nicht, wenn keine zweite Person zum Spiel mit Ihnen und Ihren Katzen bereitsteht. Nutzen Sie hier den individuellen Tagesablauf Ihrer Miezen: Wenn Minka den Sonnenschein auf dem Fensterbrett genießt oder einen Rundgang durch ihr Revier absolviert, können Sie sich ungestört mit Carlo beschäftigen.

Machen Sie sich auch das individuelle Beuteschema Ihrer Katzen zunutze. Die meisten Katzen bevorzugen eine bestimmte Art der Beute, die typische „Maus" in Form einer Plüschmaus oder die eines Balls, tatzeln am liebsten nach vogelähnlichen, fliegenden Gegenständen oder werden von schlängelnden Bewegungen wie denen einer Spielangel animiert. Einige Katzen sind mit interaktiven Spielzeugen wie einem Katzenkarussell oder einem Futterball zu begeistern und beschäftigen sich hervorragend selbst, während ihr vierbeiniger Mitbewohner einem Ball hinterherjagt. Wie auch immer Sie die Spielzeit mit zwei Katzen gestalten: Versuchen Sie, sich aus Revier- und anderweitigen Streitigkeiten herauszuhalten, und seien Sie loyal. Auch wenn Ihre Jungkatze die Aufmerksamkeit mit halsbrecherischen Purzelbäumen auf sich zieht, sollten Sie nicht die Beschäftigung mit Ihrem älteren und nicht mehr so leicht zu begeisternden Katzensenior abbrechen.

Sind Sie Anhänger des Clickertrainings, dann lassen sich mit dessen Hilfe sogar Spielregeln etablieren, sodass keine Katze zu kurz kommt.

(Foto: Shutterstock.de/SMA Studio)

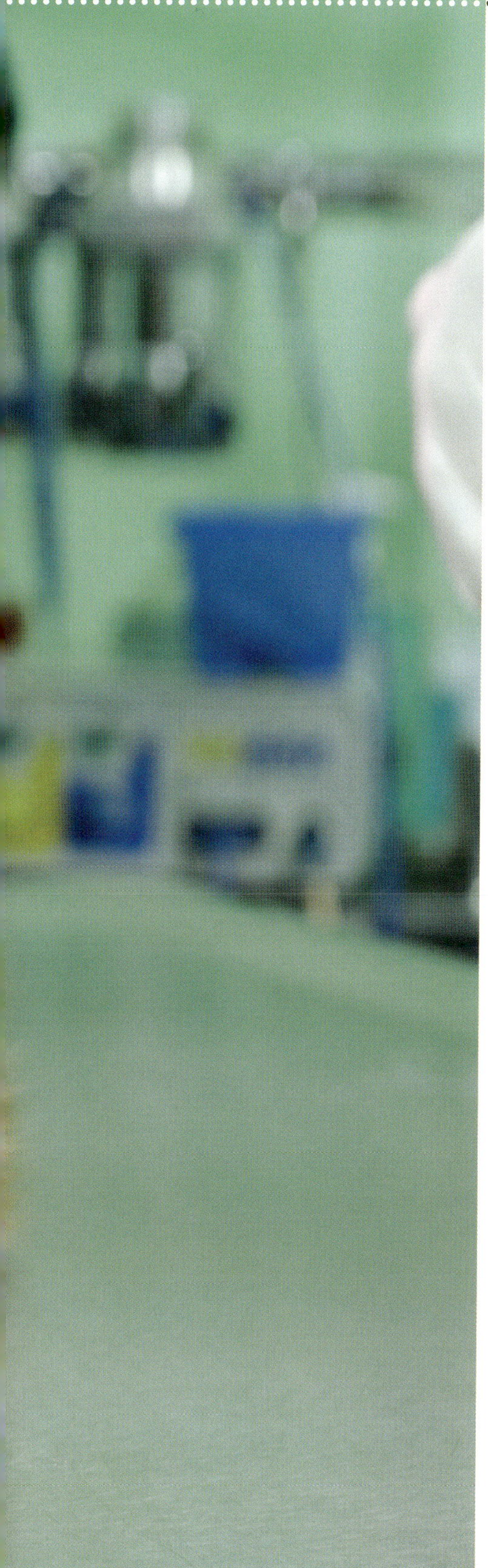

Gesundheit für zwei (und mehr)

Hütet einer der Stubentiger das Krankenbett, kann die Behandlung sehr viel komplizierter werden als die einer Einzelkatze. Dieses Kapitel gibt wichtige Hinweise, damit die kranke Katze schnell wieder gesund wird und die gesunden Artgenossen auch gesund bleiben.

Krankheitsmanagement im Mehrkatzenhaushalt

Trotz der besten Vorsorge und Pflege ist es meist irgendwann einmal so weit: Eine der Katzen ist krank. Das mag eine harmlose Bindehautentzündung sein, eine Wunde, eine Infektion oder aber eine chronische Erkrankung, die den Stubentiger langfristig beeinträchtigen wird.

In vielen Fällen braucht die kranke Mieze Medizin, manchmal sogar eine spezielle Diätnahrung, zum Beispiel bei Nierenerkrankungen. Das Problem: Das Spezialfutter schmeckt nur selten so gut wie das Futter im anderen Napf. Wie also verhindert man, dass die gesunde Katze Spezialnahrung oder Medikamente verschlingt, während sich das kranke Tier weiterhin am regulären Katzenfutter bedient?

Zuallererst sollten Sie prüfen, inwieweit eine Gabe unterschiedlicher Futtersorten überhaupt nötig ist. Eine Getreideallergie einer Katze ist beispielsweise eine gute Gelegenheit, auch die Ernährung des zweiten Stubentigers zu optimieren. Auch bei einer Überempfindlichkeit gegen einzelne Sorten oder Bestandteile schadet es nicht, wenn andere, nicht direkt betroffene Tiere das gleiche Futter erhalten. Anders sieht es natürlich bei Medikamenten oder Spezialnahrung aus. Falls möglich, sollten Medikamente als Tabletten oder Paste direkt ins Maul verabreicht oder vom Tierarzt gespritzt werden. Diese Alternativen sind sehr viel besser zu kontrollieren und Sie sind sicher, dass Ihre Katze auch dann alle nötigen Wirkstoffe erhält, wenn sie das Futter verweigert. Gleichzeitig bewahren Sie sämtliche Mitkatzen davor, unnötige und vielleicht gefährliche Mittel aufzunehmen, wenn sie sich vor lauter Gier auf das mit Medizin behandelte Futter stürzen.

Bei Spezialfutter, das nicht alle Katzen erhalten müssen oder sollen, liegt der Schlüssel in der individuellen Fütterung. Das ist natürlich nur bei Einführung von festen Futterzeiten möglich – ganztägig verfügbare Spezialtrockennahrung lädt auch andere Katzen zum Naschen ein. Greifen Sie darum, falls möglich, auf Nassfutteralternativen zurück und gewöhnen Sie Ihre Katze langsam an das neue Futter. Im Optimalfall ist jeder glücklich mit seinem Tellerchen beschäftigt, ohne das Futter der Mitkatze klauen oder kosten zu wollen. Auf jeden Fall sollten Sie dabei aber anwesend sein. Funktioniert diese Strategie nicht, können Sie es mit einer Vergrößerung des Napfabstands versuchen. Auf Nummer sicher gehen Sie, wenn Sie Ihre Katzen getrennt füttern oder zumindest das Spezialfutter in einem abgeschlossenen Raum reichen.

Nicht immer läuft die „Integration" einer kranken Katze so friedlich ab. (Foto: Shutterstock.de/hagit berkovich)

Das gilt besonders dann, wenn eine Katze durch Krankheit, Verletzung oder Operation körperlich geschwächt ist. Tiere, die nach „Tierarzt" riechen, werden oft von Mitkatzen attackiert, bis sie den Gemeinschaftsgeruch des Haushalts wieder angenommen haben. Hier können Sie sich die Tricks und Tipps, die im Kapitel zur Zusammenführung besprochen werden, zunutze machen. Vertraut riechende Kissen und Decken sorgen nicht nur bei der kranken Katze für Wohlbehagen, sondern integrieren sie auch schnell wieder in die heimische Geruchswelt.

Achten Sie in jedem Fall darauf, dass die geschwächte Katze genügend Rückzugsmöglichkeiten hat und nicht von anderen Tieren belästigt wird. Im Zweifelsfall bietet sich eine räumliche Trennung an, bis Ihr Sorgenfall sich wieder erholt hat.

Braucht eine Katze vorübergehend oder dauerhaft Spezialfutter, ist eine getrennte Fütterung von den anderen kätzischen Mitbewohnern ein Muss. (Foto: Shutterstock.de/Ulga)

Gesundheitsvorsorge für kontaktfreudige Katzen

Vorsorge ist die beste Therapie – das gilt besonders dann, wenn Katzen Kontakt zu Artgenossen haben. Durch den direkten Kontakt werden Krankheiten, Ungeziefer und sonstige Schmarotzer leichter übertragen, und ist eine Katze krank, schließt sich der Rest der Katzengruppe oft an. Nehmen Sie also mindestens einmal jährlich einen Vorsorgetermin bei Ihrem Tierarzt wahr und lassen Sie alle Katzen durchchecken – auch dann, wenn es umständlich ist und Sie mehrmals fahren müssen.

Dem Ungeziefer Einhalt gebieten

Ungeziefer lebt auf oder im Körper der Katze, ernährt sich auf ihre Kosten und kann von Anfang an ernsthafte Gesundheitsprobleme verursachen.

Ein sogenannter Endoparasit, der im Katzenkörper lebt, ist beispielsweise der Wurm. Er ernährt sich von den Nährstoffen, die die Katze

GESUNDHEITSCHECK FÜR MEINE KATZEN

- Mindestens jährlicher Rundumcheck durch den Haustierarzt
- Wurmkuren (eventuell vorher Kotproben von drei aufeinanderfolgenden Tagen von jeder Katze testen lassen)
- Ungezieferabwehrmittel für Freigängerkatzen (idealerweise erst bei Befall)
- Impfungen: Kombinationsimpfung Katzenschnupfen/Katzenseuche sinnvoll auch für reine Wohnungskatzen; Leukose sinnvoll bei jungen Katzen, die höchstwahrscheinlich noch nicht mit dem Erreger in Kontakt gekommen sind; Tollwut nur für Freigängerkatzen in tollwutgefährdeten Gebieten
- Der Rundumcheck für Neuankömmlinge ist ein Muss!

mit der Nahrung aufnimmt. Diese stehen ihr dann nicht mehr in ausreichender Menge zu Verfügung – ihr Fell wird struppig, sie wird sehr anfällig für Krankheiten. Bei starkem Wurmbefall magern Katzen ab und bekommen schließlich einen Blähbauch. Wurmeier werden über den Kot ausgeschieden und gelangen bei der täglichen Katzenwäsche in das Fell Ihres Stubentigers – so können sie nicht nur auf Mitkatzen, sondern auch auf den Menschen übertragen werden. Deshalb sollten Sie auf einen regelmäßigen Wurmcheck und bei Befall auf eine entsprechende Wurmbehandlung aller Katzen Wert legen – bei Freigängerkatzen mehrmals im Jahr. Ein vorbeugendes Mittel gegen Wurmbefall gibt es noch nicht. Auch ohne klare Anzeichen eines Wurmbefalls kann Ihre Katze schon Träger der Schmarotzer sein und diese auf weitere Mitglieder Ihrer Katzengruppe übertragen.

Wurmmittel gibt es je nach Art des Wurmbefalls und Vorliebe in Tabletten- oder Pastenform oder als Spot-on-Präparat zum Auftragen auf die Haut. Da diese Mittel den Körper der Katze belasten, sollten sie nur verabreicht werden, wenn zuvor über eine Kotuntersuchung ein Wurmbefall nachgewiesen wurde.

Flöhe, Läuse, Milben, Haarlinge und Zecken gehören zu den Ektoparasiten; sie leben auf dem Katzenkörper, meistens verborgen im Fell der Katze. Viele Parasiten sind zwar mit dem bloßen Auge nicht so leicht erkennbar; doch Juckreiz, Haarausfall und Kopfschütteln sind klare Anzeichen für Ungezieferbefall. Besonders Flohstiche können einen bösen Juckreiz auslösen. Zecken sind für die Katze selbst zwar nicht gefährlich, können aber ernsthafte Krankheiten wie Borreliose und Frühsommer-Meningoenzephalitis (FSME) auf den Menschen übertragen?) Ohrmilben sind genau wie Läuse extrem ansteckend. Der regelmäßige Gesundheitscheck sollte deshalb auch die Suche nach Anzeichen von Ektoparasiten enthalten.

Ist eine Ihrer Katzen befallen, sollten alle Tiere in Ihrem Haushalt mit einem entsprechenden Mittel behandelt werden. Spot-on-Präparate versprechen vorbeugenden Schutz gegen Zecken und, je nach Marke, auch gegen Flöhe, Milben und so weiter. Viele Mittel sind aufgrund ihrer Nebenwirkungen umstritten, und paradoxerweise enthalten gerade frei käufliche und als „natürlich" angepriesene Mittel oft ätherische Öle, die sich im Katzenkörper nach und nach anreichern und dann toxisch wirken können. Zudem stellt der auffällige Geruch eine weitere Belastung für das schon angespannte Nervenkostüm eines potenziell sensiblen Katzengespanns dar. Auch für Hunde zugelassene Ungeziefermittel können schädlich oder sogar tödlich für Ihre Katze sein; sie enthalten oft Permethrin, das von Katzen aufgrund eines Enzymmangels nicht abgebaut werden kann. Sprechen Sie auf jeden Fall mit Ihrem Tierarzt, bevor Sie frei verkäufliche Mittel auf das Katzenfell tröpfeln.

Vorsicht, ansteckend!

Je mehr Katzen, umso höher ist der Infektionsdruck. Viele früher tödlich verlaufende Krankheiten gelten heute zwar dank regelmäßiger Schutzimpfungen als ausgerottet. Leider hat Sicherheit ihren Preis, denn jede Impfung birgt Risiken, über die Katzenfreunde nur selten vom Tierarzt aufgeklärt werden. Ein sinnvolles Impfschema kann unter anderem das Risiko von Impfsarkomen (Bindegewebswucherungen an der Einstichstelle) vermindern – lassen Sie sich also nicht darauf ein, Ihre Katzen sicherheitshalber mit allen verfügbaren Impfstoffen behandeln zu lassen, sondern sprechen Sie mit Ihrem Tierarzt über Sinn und Unsinn der einzelnen Immunisierungen. Im folgenden Unterkapitel erhalten Sie einen kleinen Überblick über die häufigsten Infektionskrankheiten und mögliche Impfungen.

Es kribbelt nicht nur, sondern kann auch gefährlich werden: Ungezieferbefall muss speziell in Mehrkatzenhaushalten so früh wie möglich konsequent behandelt werden. (Foto: Shutterstock.de/JetKat)

Möchten Sie das Ansteckungsrisiko in Ihrer Katzengruppe minimieren, sollten Neuankömmlinge vor dem Einzug vom Tierarzt untersucht und, falls möglich, auf Infektionskrankheiten und Ungezieferbefall getestet und gegebenenfalls geimpft oder behandelt werden. Für viele Infektionskrankheiten wie das Feline Immundefizienz-Virus, kurz FIV, gibt es zwar keine Impfung, betroffene Tiere sollten aber auf jeden Fall dauerhaft isoliert werden.

Infektionskrankheiten im Überblick

Infektionskrankheit ist nicht gleich Infektionskrankheit. Heutzutage kann gegen viele Krankheiten geimpft werden und Neuzugänge aus dem Tierheim oder vom seriösen Züchter sind oft schon gegen viele Katzenkrankheiten immunisiert. Nicht alle Ansteckungswege verlaufen gleich und Wohnungskatzen haben oft ein geringeres Risiko, infiziert zu werden.

- **Katzenschnupfen:** Katzenschnupfen ist nicht mit einer harmlosen Erkältungskrankheit beim Menschen zu vergleichen. Der Erreger befällt Atemwege und Schleimhäute der Katze und ruft vielfältige Symptome von einer Bindehautentzündung bis zum heftigen Schnupfen hervor. Betroffene Katzen zeigen oft noch Jahre später Folgeschäden und sind hoch ansteckend.

- **Katzenseuche:** Die Katzenseuche ist eine durch Parvoviren hervorgerufene Infektion, die meistens tödlich verläuft. Die Kombinationsimpfung gegen Katzenseuche und Katzenschnupfen gehört zu den Routineimpfungen auch bei reinen Wohnungskatzen.

- **Leukose:** Leukose wird durch das FeLV-Virus ausgelöst, bricht aber oft erst Jahre nach der Infektion aus. Besonders gefährdet sind Katzen aus Tierheimen. Die Impfung wirkt nur bei Leukose-negativen Katzen und wird von den meisten Tierärzten vor allem bei Jungtieren angewandt, da sich das Ansteckungsrisiko nach Erreichen eines Alters von etwa sechs Monaten drastisch reduziert. Nach einer eindeutigen Leukose-Diagnose sollten erkrankte Tiere aufgrund der hohen Ansteckungsgefahr zwingend von Artgenossen ferngehalten werden.

- **Tollwut:** Tollwut ist keine reine Katzenkrankheit, das Virus kann von einem Tier auf ein anderes sowie zwischen Spezies übertragen werden. Besonders gefährdet sind Freigängerkatzen, die sich durch den Biss eines infizierten Tiers anstecken können. Tollwut endet immer tödlich, betroffene Tiere müssen nach Seuchenschutzgesetz eingeschläfert werden. Katzen mit Freigang in tollwutgefährdeten Gebieten sollten darum auf jeden Fall geimpft werden. Für reine Wohnungskatzen ist sie dagegen nur in den seltensten Fällen sinnvoll.

- **FIP:** Die FIP-Erkrankung, ausgelöst durch das Coronavirus, ruft oft unspezifische Symptome hervor. Ein spezieller Test weist Antikörper im Blut der Katze nach, die nach einer Infektion gebildet werden – allerdings auch nach einer Impfung gegen FIP oder einen Kontakt zum Virus ohne folgende Infektion. Tatsächlich hatten etwa die Hälfte aller Katzen in Deutschland Kontakt zum FIP-Virus, der entsprechende Test würde bei ihnen positiv ausfallen. Eine Impfung ist zwar erhältlich und ab der 16. Lebenswoche zugelassen, allerdings nur bei dem kleinen Teil der negativ getesteten Katzen sinnvoll.

- **FIV:** Eine dem HIV-Virus beim Menschen ähnliche Erkrankung wird vom Felinen

Wo Katzen eng zusammenleben, ist die Gefahr der Verbreitung von Infektionskrankheiten größer. (Foto: Shutterstock.de/Sheli Spring Saldana)

Immundefizienz-Virus, kurz FIV, ausgelöst. Mittlerweile ist in den USA eine Impfung auf dem Markt, die aber noch nicht in Deutschland zugelassen ist. Betroffene Tiere sollten auf jeden Fall isoliert werden, um eine Ansteckungsgefahr auf weitere Katzen auszuschließen!

Doch manchmal hilft auch die penibelste Vorsorge nicht. Erkrankt eine Katze innerhalb der Katzengruppe, heißt es erst einmal, das Infektionsrisiko abzuschätzen und gegebenenfalls die Ansteckungsgefahr zu begrenzen. Erster Ansprechpartner sollte auf jeden Fall der Tierarzt sein, der Ihnen helfen kann, die Situation einzuschätzen.

Bei hochgradig ansteckenden Krankheiten ist es nötig, die erkrankte Katze zu isolieren, falls weitere im Haushalt befindliche Tiere nicht gegen die entsprechende Infektionskrankheit geimpft oder durch vorhergehende Krankheiten immun sind. Achten Sie in diesem Fall darauf, dass es wirklich keine Berührungspunkte zwischen kranken und gesunden Katzen gibt – Desinfektion Ihrer Hände inklusive! Leider ist eine Isolation kranker Katzen gerade in kleineren Wohnungen nicht immer möglich. Doch auch mit durchdachten Hygiene- und verschärften Vorsorgemaßnahmen kann der Schaden begrenzt werden. Verwenden Sie individuelle Futter- und Wassernäpfe, die nach jedem Gebrauch mit heißem Wasser gereinigt werden, und benutzen Sie Augen- und Nasentropfen immer nur für ein einziges Tier.

Auch Ungeziefer wie Milben oder Flöhe springen gern auf andere Katzen im Haushalt über – im wahrsten Sinne des Wortes. Dabei beschränken sie sich nicht nur auf die Sommermonate: Gerade für Flöhe sind geheizte Wohnungen ein wahres Paradies. Ihre Eier legen sie zwar im Fell des Wirtstiers ab, heruntergefallene Eier setzen sich aber auf weichen Unterlagen wie Teppichen und Bettdecken fest. Die Behandlung der einzelnen Tiere reicht deshalb nicht aus, um einer Ungezieferplage Herr zu werden.

(Foto: Shutterstock.de/Sari ONeal)

Anhang

Tipps zum Weiterlesen

Martina Braun:
Kätzisch für Nichtkatzen.
Schwarzenbek: Cadmos, 2007.

Christine Hauschild:
Stille Örtchen für Stubentiger.
Norderstedt: Books on Demand, 2009.

Paul Leyhausen:
Katzenseele: Wesen und Sozialverhalten.
Stuttgart: Kosmos, 2005.

Sabine Schroll:
Aller guten Katzen sind ...?
Norderstedt: Books on Demand, 2006.

Sabine Schroll:
Miez, miez – na komm!
Artgerechte Katzenhaltung in der Wohnung.
Norderstedt: Books of Demand, 2007.

Sabine Schroll:
Wenn Katzen Kummer machen.
Schwarzenbek: Cadmos, 2009.

Marlitt Wendt:
Wie Katzen ticken.
Schwarzenbek: Cadmos, 2010.

Marlitt Wendt:
Kätzchen mit Köpfchen.
Schwarzenbek: Cadmos, 2012.

Pfotenhieb – Anspruchsvolles für
Katzenfreunde. Bookazin aus dem
Cadmos Verlag, www.pfotenhieb.de

Kontakt zur Autorin

lena@landwerth.net

Register

CADMOS

Katzenbücher

Lena Landwerth

Wegweiser Katzenfutter

Der Wegweiser durch den Futterdschungel: Dieses Buch bietet Katzenhaltern eine Entscheidungshilfe auf der Grundlage sorgfältig recherchierter Fakten. Es erläutert jeweils die Vor- und Nachteile von Fertigfutter, Selbstgekochtem und Rohfütterung und zeigt, dass es gar nicht so schwer ist, den Futternapf für den Stubentiger artgerecht zu füllen.

80 Seiten, farbig, broschiert
ISBN 978-3-8404-4010-6

Susanne Vorbrich

Wenn Katzen älter werden

Katzen reichen nicht einfach irgendwann ihren Rentenantrag ein und sind dann plötzlich alt. Ebenso wie Menschen altern sie langsam und entwickeln sich zu meist recht rüstigen, manchmal etwas schrulligen Senioren. Dieses Buch beleuchtet umfassend alle Aspekte rund um Haltung und Pflege des Katzenoldies. Wer die speziellen Bedürfnisse einer älteren Katze kennt, kann sie viel besser verstehen, ihr das Leben verschönern und manchmal sogar verlängern.

80 Seiten, farbig, broschiert
ISBN 978-3-86127-127-7

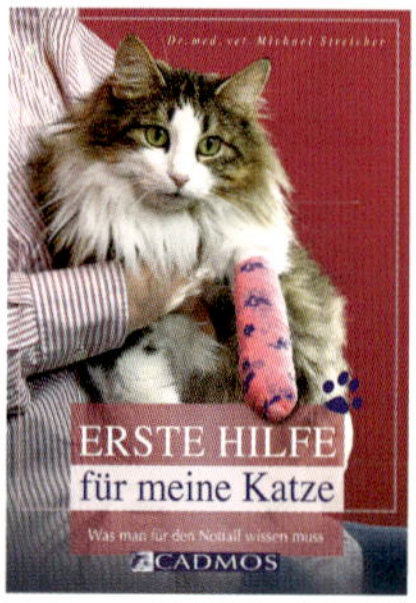

Michael Streicher

Erste Hilfe für Katzen

Katzen haben zwar sprichwörtliche sieben Leben und fallen immer auf die Pfoten. Doch auch sie geraten mitunter in lebensbedrohliche Situationen, in denen sie sofortige Hilfe benötigen. Dieses Buch eines absoluten Fachmanns aus der Praxis erklärt, wie man bei einem Katzennotfall am besten reagiert und so die besten Voraussetzungen für eine erfolgreiche Behandlung durch den Tierarzt schafft.

128 Seiten, farbig, broschiert
ISBN 978-3-8404-4007-6

Sabine Schroll

Wenn Katzen Kummer machen

Dieses Buch erklärt die wichtigsten Verhaltensprobleme der Katze wie Unsauberkeit, Kratzmarkieren, Harnmarkieren, Angststörungen und andere mehr und zeigt Lösungsmöglichkeiten auf. Wer seine Katze besser versteht, hat den ersten Schritt getan, um Probleme dauerhaft beheben und das Zusammenleben wieder harmonisch gestalten zu können.

96 Seiten, farbig, broschiert
ISBN 978-3-86127-137-6

Marlitt Wendt

Mit dem Click zum Katzenglück

Ein Click zur richtigen Zeit, ein kleiner Belohnungshappen – und schon können wir mit unserer Katze in einen Dialog treten. Das macht Katze und Mensch Spaß, vertieft die Bindung und ist die Grundlage für kleine Tricks, anspruchsvolle Denkaufgaben und wahre Glanzleistungen. Verhaltensbiologin Marlitt Wendt erläutert in diesem Handbuch praxisnah den Einstieg in die Methodik des Katzentrainings und zeigt Wege für die alltagstaugliche Umsetzung der Clickerphilosophie auf.

128 Seiten, farbig, broschiert
ISBN 978-3-8404-4017-5

CADMOS

Cadmos Verlag GmbH · Möllner Straße 47 · 21493 Schwarzenbek
Tel. 04151 87 90 7 - 0 · Fax 04151 87 90 7 - 12 · www.cadmos.de